帮你越过人生的8个雷区

排雷学院
PAILEIXUEYUAN

方道/编著

中国华侨出版社

图书在版编目（CIP）数据

排雷学院：帮你越过人生的8个雷区/方道编著.—北京：中国华侨出版社，2012.5

ISBN 978-7-5113-2170-1

Ⅰ.①排… Ⅱ.①方… Ⅲ.①成功心理—通俗读物 Ⅳ.①B848.4-49

中国版本图书馆CIP数据核字（2012）第016941号

●排雷学院：帮你越过人生的8个雷区

编　著/方　道
责任编辑/严晓慧
经　销/新华书店
开　本/710×1000 毫米　1/16　印张15　字数220千字
印　数/5001-10000
印　刷/北京一鑫印务有限责任公司
版　次/2013年5月第2版　2018年3月第2次印刷
书　号/ISBN 978-7-5113-2170-1
定　价/29.80元

中国华侨出版社　北京市朝阳区静安里26号通成达大厦3层　邮编100028
法律顾问：陈鹰律师事务所
编辑部：(010) 64443056　64443979
发行部：(010) 64443051　传真：64439708
网　址：www.oveaschin.com
e-mail：oveaschin@sina.com

前 言

随着一声啼哭，我们便来到了这个陌生的世界。这个世界不像想象中的那么糟糕，也不像想象中的那么美好。

当我们还是孩子的时候，长辈们总告诫这不能做，那不能做，这样危险，那样危险。或许年少无知，对长辈的告诫我们很多时候都置若罔闻，认为他们杞人忧天，直到我们为没听告诫而碰壁，并为此付出代价时，才恍惚觉得长辈们似乎有神机妙算的本领，于是，对他们有了敬畏之情。

随着一天天地长大，我们接触的人和事也越来越多，也渐渐明白了世界不是自己想象中的那么简单。虽然不再像小时候那样糊涂行事，也不需要长辈们事事提醒，但还是免不了要走弯路，走歧途，免不了要为自己的错误买单。

人生就是这样，充满着未知和陷阱，就像上帝安排的一个个"雷区"，时时考验着我们的判断力和毅力，只要我们稍不小心就会踏入"雷区"。虽然这样，生活中还是不乏成功者，这也许不是因为他们有超人的天赋，或过人的才能，或深厚的背景，他们也和大多数人一样，同样会遇到种种"雷区"，种种困惑，他们的成功在于他们善于排除"雷区"，走出窘境。相反，生活中也不乏失败者，他们也努力过，奋斗过，但总是与成功擦肩而过，原因是他们在面临"雷区"的时候，无从下手，手足无措，陷入"雷区"而不能自拔。于是，他们怨天尤人，自暴自弃。

　　人生有很多"雷区"，比如心态的雷区、爱情的雷区、亲情的雷区、友情的雷区、教育的雷区等，它们和我们的生活息息相关。怎样才能排除这些"雷区"，走好人生之路呢？排雷学院将为你解疑答惑，帮你排除人生的8个雷区，让你的人生一帆风顺。

目 录

一　心态雷区——重塑自我，扫平困惑的记忆

一位哲人说："要么你去驾驭生命，要么让生命驾驭你。你的心态决定谁是坐骑，谁是骑师。"在现实生活中，我们无法决定自己的遭遇，却可以控制自己的心态；我们不能改变别人，但可以改变自己。其实，人与人之间并无太大的区别。但为什么有的人能成功，有的人却总是失败呢？这主要是心态的原因。心态才是一个人真正的主人。所以，一个人成功与否，主要取决于他的心态。然而，生活中有很多心态的"雷区"，如果不排除，它就会阻碍我们前进的步伐。

战胜自卑，展开自信的翅膀去飞翔……………………………… 2
放开心胸，用宽容去谅解他人…………………………………… 4
面朝大海，春暖花开——乐观看待人生………………………… 8
摘下虚伪的面具，用诚信面对人生……………………………… 12
泰然自若方显英雄本色…………………………………………… 16
满招损，谦受益…………………………………………………… 20
冲破一味清心寡欲的枷锁………………………………………… 24

失败是成功的预演，挫折是人生的排练 ……………………… 27
忍耐不是窝囊 …………………………………………………… 31

二 职场雷区——冷静应战，洞悉职场潜规则

随着竞争日趋激烈，求职者难，工作者也难，每个人都使出了浑身解数向金字塔顶端前进。然而，我们经常看到这样的现象：一些专业技能和综合能力都很普通的人，往往能找到自己理想的工作；一些专业知识和综合能力都很突出的人，却屡屡惨遭失败。这难道可以简单地归结为运气不好吗？不见得全是。

其实，职场的成败去除个人能力和偶然因素外，很大程度上取决于一个人的职场生存能力。生存能力强的人往往能脱颖而出，而生存能力较弱的自然就会被淘汰出局。

面试中的语言雷区 ………………………………………………… 36
得理亦可饶人，不要陷领导或同事于尴尬境地 ……………… 40
热衷小道消息伤人又害己 ……………………………………… 43
过分表现自己，有时也是一种错 ……………………………… 47
默默无闻、埋头苦干，就一定能成功吗 ……………………… 51
不要让自己成为"透明人" …………………………………… 55
小事上，尽量不得罪"小人物" ……………………………… 59
不要忽视职场细节 ……………………………………………… 63
切忌当众冒犯上司 ……………………………………………… 67

三　社交雷区——随机应变，避开交际软肋

在社会上，我们也许会看到这样的事实：一个才能平庸的人取得了成功，而一个才能超群的人却郁郁不得志。这很大程度上和他们的人际关系有关。一个懂得处世技巧的人，善于建立一个良好的人际关系网，而且善于经营这个网络。而一个不懂得处世技巧的人只知道埋头苦干，而不愿花适当的时间去发展自己的人际关系。要知道，人与人之间，感情投资比金钱投资、技术投资更稳定、更可靠，人脉资源是一笔无形的财产、潜在的财富。学会处理人际关系，适当投资，将为你的成功埋下伏笔。这就是社会交往的潜规则。

无论什么时候，人际关系都是一门永恒的学问。然而这门学问不是每个人都精通的，在社交过程中必然会有这样或那样的雷区，需要我们随机应变，才能避开交际的软肋。

赢在第一印象 ……………………………………… 72
克服害羞心理 ……………………………………… 76
猜忌是被卑鄙的灵魂附体 ………………………… 79
收起自己的优越感，不要高高在上 ……………… 83
学会控制自己的情绪，不要随意发怒 …………… 87
学会给他人一个台阶下 …………………………… 91
说话要讲究分寸 …………………………………… 95
不要强人所难 ……………………………………… 99

四 婚恋雷区——相濡以沫，荡平情路坎坷

哪个少男不钟情，哪个少女不怀春。爱情对每个青年男女来说都是一段宝贵的人生经历。古往今来有着无数感人的爱情故事。如梁山伯与祝英台，董永和七仙女，虽然是传说，却表达了人们对爱情的向往和追求。爱情具有巨大的魔力，可以让人"心有灵犀一点通"，可以让人"衣带渐宽终不悔"，可以让人"相顾无言唯有泪千行"。在爱情里，每个人都希望和自己心爱的人厮守到海枯石烂，天荒地老，正如那首歌唱的那样："最浪漫的事就是和你慢慢变老。"

然而，爱情之路密布着种种雷区，所谓相爱总是容易，相处太难，有多少人能真正做到"执子之手，与子偕老"呢？看到那一出出缠绵悱恻的爱情，到后来却劳燕分飞，无疾而终，无不令当事人痛断肝肠，撕心裂肺。人们不禁要问，世上真的存在爱情吗？答案是肯定的，爱情真的存在。但如何才能维持一段爱情，最终走向幸福的婚姻呢？排雷学院将为你排除婚恋过程中的种种雷区，助你在婚恋的过程中披荆斩棘。

一见钟情可信吗……………………………………………………104
爱需要争取………………………………………………………107
不要让妒忌葬送了爱情……………………………………………110
距离一定会产生美吗………………………………………………113
驱散失恋的阴霾，重拾爱情的希望…………………………………115
用包容去谅解彼此…………………………………………………119
警惕婚外恋………………………………………………………123
不要让冷漠划出一条心灵的"楚河汉界"………………………………127

五 亲情雷区——互爱互谅，穿破心灵隔阂

亲情不同于爱情和友情，它是由血脉维系的亲密关系。中国人历来重视血脉相连，薪火相传，自然也很重视亲情。亲情不需要像爱情和友情那样，需要花费很多时间去维持，亲情是一种血浓于水的关系，即使平时没怎么来往，但一方有难，另一方顾及亲情也会伸出援助之手的，这就是亲情不同于爱情和友情的地方。但这并不是说亲情就完全不需要花费一点精力和时间去维护，亲情同样需要精心呵护才能保鲜。

亲情虽然有先天的血缘基础来保障双方关系的牢固性。但手足相残、亲戚反目的事情也常发生在我们周围。如此说来，如何处理好亲情关系也是一大难题，原因就是亲情关系中暗藏很多的雷区，稍有不慎就会令亲情陷入尴尬境地。究竟处理亲情关系有哪些值得注意的雷区呢？

长辈更需要精神上的抚慰……………………………… 132
请不要怀疑母亲的爱…………………………………… 135
用心去读懂父爱………………………………………… 138
溺爱孩子是害了孩子…………………………………… 140
怎样与孩子沟通………………………………………… 144
如何处理与亲戚的关系………………………………… 146
如何处理妯娌关系……………………………………… 150

六　友情雷区——有进有退，保守情义的距离

俗话说："在家靠父母，出门靠朋友。"朋友在一个人的一生中扮演着重要的角色。朋友是孤独时陪你说话的影子，朋友是困惑时帮你开解的钥匙，朋友是危难时帮你渡过难关的助手。也许天天和朋友生活在一起，你发现不了朋友的重要性，但离开了朋友你恐怕寸步难行。好的朋友无疑是人生的推手、人生的榜样、人生的导师。然而"坏"的朋友却是引诱你堕落的销魂汤，玷污你灵魂的腐蚀剂。所谓"近朱者赤，近墨者黑"，不得不防。

交朋友是一门学问。如何交到好的朋友？如何和朋友相处？如何远离损友？这里面有哪些危险的雷区，这都是值得注意的。

友情需要灌溉……………………………………………… 154
友情中的"刺猬法则"…………………………………… 156
不要失信于朋友…………………………………………… 159
不要太过依赖朋友………………………………………… 162
不要让金钱玷污了友谊…………………………………… 165
宁可少交一个朋友，也别多树一个敌人………………… 168
诤友是告诫你出错的警钟………………………………… 171

七 教育雷区——转变观念，破解教育难题

"十年树木，百年树人"，教育历来是备受家庭、社会和国家重视的大事。而孩子的教育问题也历来是一个难题。有的人主张"棍棒之下出孝子"，即以严教子；有的人则把孩子的成功与否归咎于天赋，听之任之，缺少后天必要的培养。随着时代的发展，人们的思想有了很大进步，特别是一些科学教育理论的诞生，告诉了人们应该给孩子适当的空间，让其自由发展。于是，现代人大都采用这种方法来教育孩子。可是，这种教育方法却往往因把握不好尺寸，放纵过度，流于溺爱。

教育关系着孩子的一生。只有良好的家庭和学校教育才能培养出社会需要的人，才能培养出有益于社会进步的人。所以，对于当下教育来讲，转变观念很重要。

挖苦和讽刺会伤害孩子的自尊……………………………… 176
专制和武断不能赢得信服………………………………………… 179
如何正确对待孩子的"攀比心理"……………………………… 181
物质刺激应把握尺度……………………………………………… 185
不要失信于孩子…………………………………………………… 188
不要把孩子"管"得太紧………………………………………… 190
走出"望子成龙"的家庭教育雷区……………………………… 193

八 生活雷区——严于律己，绕开诱惑陷阱

人生在世，有的人活得有滋有味，有的人却活得痛苦不堪。生活的感受为何有如此差别？其实，虽然我们无法改变生命的长短，但生活的态度完全取决于我们自己。

有的人之所以活得痛苦，往往不是因为他们得到的比别人少，而是不懂得珍惜所拥有的一切。面对生活的种种诱惑，他们缺少严于律己的品质，把持不住自己，或为金钱所累，或为名利所惑，或因纵欲而伤身，或因贪念而名毁。而这一切都是源于那颗不安分的心。也许，利欲少一点，知足多一点，就不会有生活的苦恼了。可见，生活看似平静，其实也有很多雷区，如果你不注意的话，就会陷入进去，轻则自毁前程，重则家破人亡。

烟、酒是无形的"催命符" …………………………………… 198
赌博是拿光阴做赌注 ………………………………………… 201
毒品是诱人堕落的无底洞 …………………………………… 205
不要贪得无厌 ………………………………………………… 208
怎样看待得失 ………………………………………………… 211
死要面子活受罪 ……………………………………………… 214
不要小看浪费 ………………………………………………… 216
怎样看待名利 ………………………………………………… 220
金钱是把双刃剑 ……………………………………………… 224

心态雷区
——重塑自我，扫平困惑的记忆

一位哲人说："要么你去驾驭生命，要么让生命驾驭你。你的心态决定谁是坐骑，谁是骑师。"在现实生活中，我们无法决定自己的遭遇，却可以控制自己的心态；我们不能改变别人，但可以改变自己。其实，人与人之间并无太大的区别。但为什么有的人能成功，有的人却总是失败呢？这主要是心态的原因。心态才是一个人真正的主人。所以，一个人成功与否，主要取决于他的心态。然而，生活中有很多心态的"雷区"，如果不排除，它就会阻碍我们前进的步伐。

战胜自卑，展开自信的翅膀去飞翔

自卑是人生的绊脚石，是束缚你飞翔的绳索。现代心理学认为每个人都有自卑感，所不同的是程度不同而已。自卑的形成不仅和自身的认识不足有重要关系，还与一个人的家庭因素和成长经历有关。所以，自卑其实是每个人都存在的心里情愫，但如果不适当调整，就会给我们的人生带来很多的负面影响。

韩国的某位应聘者在经过数次的面试失败后，终于又找到了一家大型公司，面试结束后，他一直惴惴不安。等了很久，这家公司终于把信寄到了他手中，可打开信一看，却是未被录用的通知。这个消息让他简直接受不了，他开始怀疑自己的能力，变得心灰意懒，于是服药自尽。

幸运的是他并没有死，刚刚被抢救过来，又收到了那家公司的道歉信和录用通知，原来是电脑系统出了问题，他是榜上有名的，这让他十分惊喜，急忙去公司报到上班。

可主管见到他的第一句话是："你被辞退了。"

"为什么，我明明拿着录用通知。"

"是的，而我们刚刚得知你自杀的事，我们公司不需要为了小事而轻生的人。"

这位应聘者彻底失去了这份工作，原因是什么呢？显然是自卑害了他。他没有对自己的能力做出正确的评价，受不了打击，在打击面前他没有勇气去承受，甚至有轻生的念头，这是心里极度脆弱和自卑的表现。他的失败不是败在严厉而苛刻的公司经理的考题上，也不是败给了实力强劲的竞争对手，而是败给了自己的不自信。

一 心态雷区——重塑自我，扫平困惑的记忆

自卑是良好心态的"雷区"，那么我们在生活中应该怎样克服呢？看看下面的一些建议，希望对大家有所帮助。

（1）正确认识自己，提高自我评价

自卑的人往往容易接受别人对他们的低估评价，而不愿相信别人的高估评价。在与他人比较时，也常常喜欢拿自己的短处与他人的长处相比。越比越觉得自己不如别人，越比越灰心丧气，自然产生了自卑感。其实，我们每个人都有各自的优点和缺点。因此，有自卑心理的人，首先要用辩证的眼光全面认识自己，提高自我评价，要多想想自己的长处和自己经过努力而取得成功的事例，要善于发现自己的优点，肯定成绩，以此激发自己的自信心，不要因为自己的某些缺点而怨天尤人，把自己看得一无是处，也不要因为一两次失败而以偏概全，认为自己什么都干不了。

（2）善于自我满足，消除自卑心理

自卑的人一般都比较敏感脆弱，经不起失败和挫折的打击。一旦遭受失败和挫折，就很容易意志消沉，自卑感增强。因此，凡事应怀着一颗平常心，要善于自我满足，知足常乐，无论生活、工作或学习，目标都不要定得过高，以免因实现不了而产生自卑心理。不妨先给自己定一些比较容易达到的目标，通过这些不断成功了的目标来一点一点积累自信心。

（3）坦然面对挫折，加强心理平衡

自卑的人往往心理承受力低，在失败和挫折面前显得无能为力。其实并不是无能为力，只是他们没有勇气和信心去面对眼前的困难。因此，遭受挫折与失败的时候，不要怨天尤人，也不要轻视自我，要客观地分析环境与自身条件，找到心理的平衡点，勇敢地去面对现实。人生处处是机会，不要因为暂时的挫折而失去信心。

（4）广泛社会交往，增强生活勇气

自卑的人常常表现出孤僻、内向、不合群，他们总是习惯于将自己

封闭起来，很少与周围人群交往。由于缺少心理沟通，易使心理走向片面，情绪变得压抑。如果能多参与社会交往，用心去感受他人的喜怒哀乐，体验生活的酸甜苦辣，就一定能走出压抑的和自卑的情绪，从而树立起生活的勇气和信心。

自卑严重影响了一个人的行为方式和社会交往，是一种不健康的心态。如果不能克服自卑，我们做任何事都会缺少信心，也会错失很多良机，结果一事无成。只有战胜自卑，展开自信的翅膀去飞翔，才能实现自己的凌云之志。

排雷日记

人生充满了坎坎坷坷，而成功之路更是荆棘密布。自卑会让人失去对生活的信心，变得畏畏缩缩，停滞不前，最终变为一个失败者。人生如竞技的舞台，没有勇气的人做不了主角，只能是一个看客。只有战胜自卑，勇敢面对生活的挫折和挑战，才能发挥出自己的潜能，实现自己的价值，才能做生活的主人，成功的宠儿。

放开心胸，用宽容去谅解他人

宽容是一种美德，也是一种明智的处世原则。它能化解一切仇恨，消释一切恩怨。生活中，我们不应该去苛求他人是十全十美的，是不会犯错的，而是该给犯了错的人一个机会，也给自己一个解脱，让温暖充满生活，让感动化解矛盾。

曼德拉因为领导反对白人种族隔离政策而被捕入狱，白人统治者把他流放到了大西洋的罗本岛，那里荒无人烟，一片贫瘠，而曼德拉却在那里度过了漫长的27年。在这段岁月里，白人统治者对他进行了残酷的虐待。

罗本岛上布满了岩石，到处是海豹、毒蛇等危险动物，曼德拉被关押在集中营，天天要承受着超负荷的艰辛劳动。有时是打石头——将采石场的大块石头碎成小块，有时要下到冰冷的海水里去捞海带，还有的时候天还没亮就要去采石场排队，然后被解开脚镣，开始了一天的挖石灰石的劳动。因为曼德拉是要犯，所以白人统治者派了三个人看押他，他们对曼德拉并不友好，常常找各种理由去折磨他、虐待他。

曼德拉出狱后，当选为总统。在就职典礼上，他做出了令人惊讶的举动。他首先起身致辞，欢迎各国政要，并表示能接待他们是他的荣幸，然后他说今天最令他高兴的是当初在罗本岛虐待他的三个狱警也到场了，随即他邀请了这三个狱警起身，并把他们介绍给了大家。曼德拉博大的胸襟和宽容的态度令当年虐待他的狱警满面羞愧，也让在场的人肃然起敬。

后来曼德拉解释说，他年轻时性子很急，动辄暴怒，是狱中生活磨炼了他的意志，让他学会了如何冷静地面对困难和人生的低谷。

包容在道德上产生的震动远比责罚产生的要强烈得多，曼德拉正是通过这种方式赢取了民心，获得了尊重。试想，如果曼德拉心怀旧恨，要以牙还牙，以血还血的话，那势必会再次激化白人和黑人之间的矛盾，这不仅不利于白人和黑人之间的和睦相处，也会让自己的形象大打折扣。

生活中，人与人之间难免会产生误会和矛盾，这时你要做的不是让误会更加加深，矛盾更加激化，而是要冷静下来，思考自己的过错，并试着换位思考，用一颗宽容的心去谅解他人。相反，如果用狭隘的眼光和心胸去处理事情的话，不仅不利于缓和矛盾，而且还会加剧人际关系的紧张。狭隘是心态的"雷区",它会让你被仇恨和怨怒冲昏了头脑,陷入难以自拔的境地。那我们要怎样才能避开"雷区",用宽容的心态处世呢?

(1) 求同存异

所谓求同存异,就是要善于发现双方的共同点,理解和包容彼此的差异性。古希腊的一位哲学家曾说过,世界上没有完全相同的两片树叶。人也一样,完全相同的两个人是不存在的,人们或多或少在思想、性格、能力等方面有着差异,这是正常的。人与人相处,重要的不是强调差异,而是应该多去寻找共同点,寻找共同点能拉近彼此的距离,而强调差异只会让人与人之间的距离越来越远。

生活中,我们可以通过询问来发现彼此的共同点。通过询问,也许你会发现双方有着相同的爱好、共同的衣着习惯、共同的手机品牌……发现了共同点,彼此就会不知不觉去掉戒备和生分,谈话变得更投机,也容易融入对方的世界。而对于彼此的差异性,则应该用包容的眼光去看待,每个人因为遗传、成长环境、家庭教育等诸多因素的影响会导致不同的性格特征和兴趣爱好,这是不能勉强的。

(2) 对伤害自己的人多一份理解,少一份怨恨

生活中,我们难免会被人伤害。对于这些伤害,我们是该耿耿于怀,伺机报复,还是应该宽容大度,化干戈为玉帛呢?持后一种态度的人是明智的。宽容是一种博大,一种境界,一种高尚的人格特征。生活中,为什么我们总是容易原谅自己的过错,而对别人的过错难以释怀呢?

试着用一颗宽容的心去谅解他人吧,也许他是无心之举,也许他也曾经后悔过,也许他曾经也试着向你道歉。宽容会让彼此冰释前嫌,而报复会导致冤冤相报的恶性循环。这对别人是一种伤害,对自己的心灵也是一种煎熬。当然这里说的宽容不是对原则性问题的一种让步,而是

对他人非原则性的缺点和过失的理解和宽容。

（3）学会接受他人的观点

人们都希望和那些懂得宽容的人相处，而不喜欢和那些心胸狭窄、吹毛求疵的人共事。动辄对别人说三道四、横挑竖拣的人很难和人搞好关系。当我们和他人的观点不一致，甚至发生争论的时候，切不可恼羞成怒，固执己见，应该冷静下来，认真分析他人的观点是否有其合理性，可以换位思考，站在别人的角度想问题，也许就会明白问题的症结。

对于他人正确的观点和意见应该采纳并赞许，而对于不同的意见和观点，也应该采取包容的态度，即使不正确，也不要责难他人，要充分顾及他人的面子，适当给对方一个台阶下，这样既不会让对方尴尬，又会让人欣赏你的大度。

（4）乐于承认他人的价值

在人际交往中，宽容不仅仅是指原谅他人的缺点和过失，还需要学会承认他人的价值。"尺有所短，寸有所长"，每个人有其优点，亦必有其缺点。我们在包容他人缺点的同时，要看到他人的优点和长处。生活中有的人看不到别人的长处，或者说不希望别人比自己强，看到别人比自己强就心生妒忌，这是一种心胸狭隘的表现。要克服这种不良的心态，首先要对自己充满自信，相信每个人都有过人之处，自己也不例外；其次，要学会赞赏他人，他人的优点不是自己卑微的源泉，而应该是自己学习的宝藏。他人是一面镜子，可以看到自己的不足，可以激励自己进步。此外，承认他人的价值，发挥他人的长处，往往可以为我所用，产生巨大效益。

宽容，能让彼此解开矛盾的疙瘩；宽容，能化解你我积蓄的夙怨；宽容，能打开双方心灵的枷锁。生活中，难免会产生误会和矛盾，学会宽容，才能让生活更加和谐、幸福。

排雷日记

宽容是人际交往的"润滑剂"。学会宽容他人，就是学会善待自己。怨恨只会让我们的心里蒙上阴郁的乌云，而宽恕会让我们的心灵获得自由的呼吸。宽恕别人，可以让生活更加愉快轻松；宽恕别人，可以让我们的人生少一个绊脚石，多一个助推器。宽恕别人就是解放自己，还心灵一份纯净，给生活一抹阳光。

面朝大海，春暖花开——乐观看待人生

英国哲学家萨克雷曾说："生活是一面镜子，你对它笑，它就对你笑；你对它哭，它就对你哭。"如果我们对生活抱以乐观的态度，我们就能看到生活中光明的一面，即使在漆黑的夜晚，我们的心里依旧亮着一盏明灯。相反，如果我们对生活抱以悲观的态度，那我们就会觉得生活黯淡无光，即使在明媚的日子里，我们也会担忧暴风雨的到来。乐观的生活态度有助于我们战胜挫折，走出困境，摆脱悲观情绪。

1880年，一个可爱的女婴诞生在了亚拉巴州北部的一个叫塔斯堪比亚的城镇。她叫海伦·凯勒。她听力很好，对身边的一切事物仿佛都充满着热爱，她总喜欢嚅动着她那小小的嘴唇，并发出"呀呀"的声音。父母很喜欢她，希望她长大后成为一个音乐家。然而在她一岁半的时候，一场重病（猩红热病）夺去了她的听力、视力，接着她又丧失了语言表达能力，这些使她仿佛置身于黑牢里无法摆脱。

对此，家人忧心如焚，不得不请来了一位特殊的老师来教育她，她就是安妮·莎莉文。

心态雷区——重塑自我,扫平困惑的记忆

莎莉文到海伦家担任家庭教师的那一天,就送给她一个玩具娃娃,并用手指在海伦的小手上慢慢地、反复地拼写"d-o-l-l"(玩具娃娃)这个单词。海伦立刻对这种游戏产生了浓厚兴趣。她一遍又一遍地模仿着老师的动作,从此开始懂得世间万物都有各自的名字,开始知道自己的名字叫"Helen Keller"(海伦·凯勒)。此后,海伦陆续学习并掌握了法语、德语、拉丁语、希腊语。

海伦的"哑"是因为丧失听力而造成的,声带并没有受损。10岁那年,海伦开始学习说话,因听不到别人和自己的声音,只能用手去感受老师发音时喉咙、嘴唇的运动,然后进行成千上万次的模仿和纠音。当首次像正常人那样说出"这是温暖的"这句话时,惊喜之余,她和莎莉文老师都意识到,在她们乐观的精神和顽强的毅力面前,再没有克服不了的困难。

海伦·凯勒在面对常人难以承受的打击面前,没有灰心和丧气,而是保持着乐观的精神,凭自己顽强的毅力战胜了一个又一个的困难,创造了一个又一个的奇迹。她除了学会唇读,还学会了骑马、游泳、划船和戏剧表演,并以优等的成绩完成了世界名校哈佛大学的学业。

海伦·凯勒是不幸的,然而当命运之神夺走了她的视力和听力的时候,她却用勤奋和坚韧不拔的精神紧紧扼住了命运的喉咙。她的名字已经成为乐观向上和坚韧不拔的象征,传奇般的一生成为鼓舞人们战胜厄运的巨大精神力量。海伦·凯勒的故事启示我们世上没有过不去的坎,只要我们保持一颗乐观的心去面对生活。那么,在生活中要怎样才能避开心态的"雷区",保持乐观的心境呢?

(1)换一种角度,收获另一种心情

快乐是一种感受,痛苦也是一种感受。一切的喜怒哀乐都是由心而生的一种感受。"横看成岭侧成峰,远近高低各不同",看待事物的角

度不同，产生的感觉也不相同。如果事物是注定无法改变的，那我们可以改变看待事物的角度和对待事物的态度。

　　从前有个老人，她有两个女儿。大女儿开雨伞店，小女儿开洗衣店。阴雨连绵，她忧虑小女儿的衣服晾不干；晴空丽日，她又担心大女儿没有生意。就这样，老人整日忧心忡忡，闷闷不乐。后来，在一位智者的点拨下，她终于喜笑颜开。下雨天，老人为大女儿生意兴隆而高兴；大晴天，老人为小女儿顾客盈门而欣喜。"世上本无事，庸人自扰之"，在你忧心烦恼的时候，只要变换一下角度，就会收获另一种心情。

　　（2）不要把眼睛紧盯在"伤口"上，学会转移注意力

　　每个人都有难以言表的过去，这些过去，或许曾让你难堪，曾让你受伤，它们也或多或少在你的记忆里留下了烙印。这些毕竟已经过去了，如果整天想着这些不开心的事，你就会越发悲伤和难过。人的一生，谁又能事事顺心，事事成功呢？不管成功或失败，都是人生一段宝贵的经历。

　　当你被这些不开心的记忆困扰时，可适当向亲人或朋友倾诉，也可以多参加一些体育活动，让自己暂时忘掉这些烦恼，以便调节好心情，走好接下来的路。

　　（3）放弃不切实际的幻想，用平常心对待生活

　　很多时候我们的烦恼源自目标的难以实现或无法实现，看到别人飞黄腾达，有权有势，有房有车，而自己什么都没有，于是产生了心理的不平衡。而这种不平衡，往往会诱发很多不切实际的幻想：幻想自己一夜暴富，幻想自己一鸣惊人……当幻想无法实现时，就陷入了深深的痛苦之中。

　　人各有志，每个人对幸福的定义也是不一样的，有钱人不一定都快乐，而穷人不一定都痛苦。生活需要保持一颗平常心，既不要怨天尤

人,也不要心存幻想,要踏踏实实走好每一步,相信自己会慢慢接近成功的顶点。

(4) 与其抱怨生活,不如微笑面对

有些人想不开,在痛苦的时候,总认为自己是天底下最不幸的人,谁都比自己强,于是开始抱怨生活的不公平。其实不然,也许你在某个方面是不幸的,但其他方面却是很幸运的。如上帝把某个人造成瘸子,却给他了一双灵巧无比的手。一位哲人曾这样自嘲道:"我在遇到没有双足的人之前,一直为自己没有鞋而感到不幸。"

所以,当你感到不幸的时候,要想到世界上还有比自己更不幸的人,要想到自己有比别人幸运的地方。而对于不幸,与其抱怨,不如坦然面对,微笑以待。让自己保持着一颗乐观开朗的心。

人生不如意之事十之八九。在生活当中,事业不顺心、爱情变故、人际关系紧张等矛盾,难免要找我们的麻烦。在这些变故面前,能否做到临变不乱,泰然处之呢?乐观是至关重要的。乐观的人会找到生活的亮点,并借助亮点驱散眼前的阴霾。

排雷日记

乐观不仅是一种心态,更是一种涵养,一种对人生的透视和彻悟。法国启蒙思想家蒙田说:"伟大的人生艺术,就是尽量有快乐的思想。"英国哲学家培根说:"精神上的空缺没有一种是不可依靠相应的学问来弥补的。"这些感悟是因为有对人生的乐观态度才能激发出卓越的生活智慧,而卓越的生活智慧坚定了他们乐观的人生态度。及时调整自己的情绪,保持乐观的心境,勇敢去面对生活中的酸甜苦辣,悲欢离合,定然会让你的人生充满幸福和喜悦。

摘下虚伪的面具，用诚信面对人生

中国人历来崇尚诚实守信，儒家学说更是把"言必信，行必果"作为君子的道德准绳。诚信是立身之本，一个有诚信的人自然而然会得到大家的欢迎和尊重。很多时候，人们都会把诚信挂在嘴边，但是到了关乎切身利益的时候，他们常常会把它抛到九霄云外，用虚伪来包装自己，殊不知，虚伪只瞒得了一时，瞒不了一世，虚伪是经不住时间的考验的。而诚信却是一颗金子，无论在什么时候都会熠熠生辉。"惟诚可以破天下之伪，惟实可以破天下之虚。"诚实应该是一个有道德、有修养的人必备的素质。

在纽约的河边公园里矗立着"南北战争阵亡战士纪念碑"，每年有许多游人来祭奠亡灵。奇怪的是，这里除了美国南北战争时期担任北方军统帅的格兰特将军和诸多战士的陵墓外，还有一座小孩子的陵墓。人们只能从在墓碑旁边的一块木牌上，了解其中的原因。

故事发生在两百多年以前的1797年。这一年，这片土地的小主人才5岁，不慎从这里的悬崖上坠落身亡。其父伤心欲绝，将他埋葬于此，并修建了这样一个小小的陵墓，以作纪念。数年后，家道衰落，老主人不得不将这片土地转让。出于对儿子的爱心，他对今后的土地主人提出一个奇特的要求，他要求新主人把孩子的陵墓作为土地的一部分，永远不要毁坏它。新主人答应了，并把这个条件写进了契约。这样，孩子的陵墓就被保留了下来。

沧海桑田，一百年过去了。这片土地不知道辗转卖过了多少次，也不知道换过了多少个主人，孩子的名字早已被世人忘却，但孩子的陵墓

心态雷区——重塑自我，扫平困惑的记忆

仍然还在那里，它依据一个又一个的买卖契约，被完整无损地保存下来。到了1897年，这片风水宝地被选中作为格兰特将军的陵园。政府成了这块土地的主人，无名孩子的墓在政府手中被完整无损地保留下来，成了格兰特将军陵墓的邻居。一个伟大的历史缔造者之墓，和一个无名孩童之墓毗邻，这可能是世界上独一无二的奇观。

又一个一百年以后，1997年的时候，为了缅怀格兰特将军，当时的纽约市长来到这里。那时，刚好是格兰特将军陵墓建立一百周年，也是小孩去世两百周年的时间，市长亲自撰写了这个动人的故事，并把它刻在木牌上，立在无名小孩陵墓的旁边，让这个关于诚信的故事世世代代流传下去……

诚信是一种坚守，一种可以超越时间限制的坚守。河边公园的土地虽然几经易手，但人们都一直信守着最初的承诺，这不仅是出于对那位父亲的同情，和对那个不幸小孩的怀念，更是一种出于对美好道德的自觉坚守。英国著名作家斯威夫特说："诚信永生不灭。"诚信作为人生品质的一个重要方面，历来为古今中外有识之士所看重，说明诚信对一个人来说是相当重要的。相反，虚伪是心态的"雷区"，一个虚伪的人是被人们所唾弃、所不屑的人。那么，生活中我们应该怎样培养诚实可信的品质呢？

（1）思想上要端正自己

诚信是处世之本。只有以诚信待人的人才能赢得别人的尊重和信赖。相反，欺骗、虚伪、不实事求是的人，即使自己才能过人，也不会受到重视。

某名牌大学的一个成绩很优秀的男孩，他在毕业之前就通过了"托福"和GRE考试，并被美国一所大学录取为博士研究生。到校不久，导师给他分配任务，让他在14：00到15：00在实验室做实验。实验室有一部电话,可以任意打。于是,他在实验这段时间里打了近一个小时的电话,过了几天导师发现了电脑里的电话记录,把他叫来询问,可是他拒不承认。几天后他被开除了,因为这位治学严谨的导师不能容忍一个不诚实的学生,在他眼里,做人和科学一样,需要实事求是的精神。

（2）把你真实的一面展现给大家

过真实的生活,活出真实的自己。很多人不愿让别人了解自己,不愿别人知道自己的往事,更怕别人揭自己的短。其实,每个人都有一段不堪回首的往事,为什么要刻意去隐瞒呢?那只会增加心灵的包袱,何不敞开心扉,活出真实的自己。

林肯在竞选总统时,他的对手攻击他,说他曾经不过是个擦皮鞋的奴隶,怎么有资格竞选总统呢?林肯没有生气,而是笑着说:"他说得没错,我确实帮人擦过鞋,所以我更知道下层人民心中的感受,所以我更关注他们的生活。"最后,林肯获胜了,林肯在别人的攻讦面前,没有回避自己的过去,而是勇敢承认,让人们看到了一个真实的林肯,人们也愿意把国家交到一个诚实的人手中。

（3）坦率承认错误和检讨自己

当你不小心犯了错误时,最好的办法是勇敢地承认错误并检讨,想尽一切办法去补救,而不是去隐瞒自己的过错,那样只会是错上加错。

诸葛亮挥泪斩马谡的事相信大家都知道,诸葛亮在得知马谡不听王平劝阻、扎寨山上之时,自知失败已成定局,他勇于承认是自己用人不当之错,并命令赵云、魏延等做好策应、撤退等工作,最终安全将大军撤回了汉中,避免了更大的损失。回到成都后,诸葛亮又自请连降三级,以咎其过。诸葛亮的这一些举措,表明了自己依法治蜀的决心,也体现了自己是一个诚信之人,并赢得了蜀国上下的尊敬和爱戴。

心态雷区——重塑自我,扫平困惑的记忆

(4) 许诺之后要努力去兑现

不论在生活还是工作上,一个人信用越好,越能得到大家的尊重,越能打开局面,取得成功。守信誉,不仅是一种可佩可敬的美德,也是我们办事的本钱。不管我们在什么情况下办什么事,总要对自己的话负责。

汉代时,有两个好朋友,一个叫华歆,一个叫王朗,有一次他们正准备渡船,忽然,有一个人急匆匆地跑过来想搭船,华歆很为难,王朗慷慨地说:"上来吧。"后来,一伙强盗追来了,王朗悄悄对华歆说:"还是把搭船的人扔下吧。"华歆说:"我刚才不想让他登船,就是考虑他有仇人或坏人追杀,现在他既然都上船了,我们怎么能抛弃他呢?"世人以这件事看出了两人的优劣。

人与人之间贵在坦诚相待,只有彼此信任才能发展稳固长久的关系。虚伪和欺骗会出卖你的人格,让人从心底里看不起你。虚伪的面具经不起实践的风吹,它在事实面前会不堪一击。与其被实践的飓风撕得粉碎,不如早日摘下,用诚信去面对人生。

排雷日记

"人而无信,不知其可也"。诚信是一个人的立身之本,创业之基。在生活中,我们要学诚信待人,为自己的事业打好基础;诚信是沟通心灵的桥梁,善于欺骗的人,永远到不了桥的另一端。所以,在生活中,我们要学会诚信待人,处理好人际关系;诚信像一面镜子,一旦打破,你的人格就会出现裂痕。所以,在生活中,我们要尽量避免虚假待人,应该培养良好的品质。总之,不诚信和虚伪都是心态的"雷区",一但进入,你就会产生信任危机,不利于建立良好的人际关系,也不利于工作和学习,还会把自己的人格抹黑。

泰然自若方显英雄本色

宠辱不惊，看庭前花开花落；去留无意，望天空云卷云舒。在生活中我们难免遭遇挫折和失败，这时，要有泰然自若的心态，要保持冷静，去勇敢面对现实。泰然自若是一种美德，泰然自若是一种智慧，泰然自若是一种魅力。有了泰然自若的心态，才能反省出自己的得失，有了泰然自若的心态才能做出明智的判断，有了泰然自若的心态才能更好地走出困境。

元丰二年，苏轼因"乌台诗案"，经历了一场生死狱讼，最后被流放黄州。他是怎样对待这场突如其来的人生变故的呢？从他在黄州写的一首词《定风波·黄沙道中》，我们可以窥见他的心境：

莫听穿林打叶声，何妨吟啸且徐行。竹杖芒鞋轻胜马，谁怕？一蓑烟雨任平生。料峭春风吹酒醒，微冷，山头落照却相迎。回首向来萧瑟处，归去，也无风雨也无晴。

此词通过野外途中偶遇风雨这一生活中的小事，表现了苏轼泰然自若、豪迈旷达的人生态度。面对突如其来的风雨，他从容淡定，以"莫听"二字点明外物不足萦怀之意。"何妨吟啸且徐行"，说自己照常舒徐行步，是何等镇定自若。"一蓑烟雨任平生"，由眼前风雨推及整个人生，传达出作者笑傲人生的自信和不畏坎坷的超然情怀。

在苏轼之后四百多年，明代大学者王阳明也遭遇了同样的命运，因忤犯了当时权倾朝野的宦官刘瑾，被贬往贵州龙场。南下途中，刘瑾派人暗中跟踪，想谋害他。他察觉到后，在过钱塘江时，将一双鞋子扔在江边，并留下一首绝命诗，制造投水自尽的假象，然后改道从海上南

心态雷区——重塑自我，扫平困惑的记忆

下。谁知刚逃过一劫，不料在舟山附近，船被风暴围困，随时都有被颠覆的可能。就在这样的风口浪尖上，他留下了一首题为《泛海》的七绝：

险夷原不滞胸中，何异浮云过太空？
夜静海涛三万里，明月飞锡天下风。

一叶孤舟，颠簸在波涛汹涌的大海上，但在王阳明眼中，只不过是掠过天空的浮云，安危、祸福不曾滞留于胸，在明月之夜，如一位超凡脱俗的游僧，手握锡杖，足踏天风，乘万里海涛任情适意地遨游。

鲁迅先生曾说："真的猛士敢于直面惨淡的人生，敢于正视淋漓的鲜血。"确实是这样，往往逆境更容易考验一个人，有的人在逆境面前，惊慌失措，畏畏缩缩；而有的人在逆境面前却镇定自若，昂首挺胸。苏轼在面临人生的突然变故时，没有灰心丧气，而代之以豁达豪迈；王阳明在险恶的处境面前，没有方寸大乱，而代之以从容机智，临危不乱。这些都体现出了良好的心态；相反，如果在困难和挫折面前，自暴自弃，心浮气躁，就会陷入心态的"雷区"。

那么，我们在生活中应该怎样做到泰然自若，而不踏入心态的"雷区"呢？

（1）临危不乱，处变不惊

遇到突如其来的情况时，需保持冷静，然后认真分析情况，理出头绪，做好最坏的打算。

在对可能出现的最坏的情况作出估计后，则应勇敢面对，做好应对措施。这样即使发生了最坏的情况，也不至于惊慌失措，至少有了充足的心理准备。面对纳粹德国的狂轰滥炸，丘吉尔早就做好了与英国共存亡的准备，所以在面对一次又一次的险情时，他都能泰然处之，做出正

确的判断。

(2) 经受得住孤独和寂寞的考验

"天下没有不散的筵席"，欢乐的时光总是过得很快，留给人们怀念的嚼头的同时，也播下了孤独和寂寞的种子。当孤独和寂寞悄然来袭之时，我们要学会泰然处之。高尔基曾这样评价罗曼·罗兰："一个越是不同凡响的人，也越孤独……对于罗曼·罗兰这样的人，孤独使他更深刻，更加明智地观察生活的高度。"所以，孤独对于我们不见得是坏事，孤独可以让我们暂时摆脱俗务的缠扰、人世的纷争，还心灵一份宁静和清醒。

(3) 坦然面对误解和质疑

现实生活中，常有这样的无奈：你出于一片好心，顺便地做了一件好事，可有的人却说你动机不纯，另有所图。如果是帮上司做了一件好事，或许有人会说你溜须拍马；如果为同事做了一件好事，或许有的人会说你拉帮结派。对此，你应该如何面对呢？生活的经验告诉我们，误会的产生，原因是多方面的。有时是缺乏沟通和了解，进而形成对某件事的疑点；有时是性格和脾气的差异，缺少包容和理解，让人误解了你的处世和为人；有的是忌妒心作怪，让人与人之间产生了疏远甚至敌意；还有的是心胸狭小，为人疑神疑鬼，患得患失，对人产生了怀疑……明白了误解的产生是有多方面原因的，我们就应该学会坦然面对误会，在误会和质疑面前不要恼羞成怒，要泰然自若，从容以对。既然误解和质疑是生活中不能避免的，我们又何必苛求每个人都理解自己呢？但我们可以避免的误解还是需要尽量避免。正所谓"冤家宜解不宜结"。

(4) 与其生气，不如争气

可能大多数人都喜欢听赞美的声音，而不愿听批评的声音，尤其是不怀好意的批评。然而，谁又能做到永远不被人批评、不被人看不起呢？刘邦年少时，整日贪玩好耍，不思学业，乡里人骂他将来是个没出

心态雷区——重塑自我，扫平困惑的记忆

息的家伙，可他一点也不在乎，因为他知道他是一个有梦想、有抱负的人，只是在等待机会而已。果然，后来他加入了反秦起义队伍，最终成就了霸业。所以，当我们听到别人消极的评价的时候，不要灰心丧气，耿耿于怀，那将击碎你的梦想和希望。学会泰然处之吧，与其生气，不如争气，用实际行动说话，才是对自己最好的证明。

（5）在拒绝面前保持风度

一位著名的推销大师说："当有人向我说'不'的时候，我把它视为彼此关系的开始，而非结束。因为，我在被拒绝的时候没有表现丝毫的生气和气馁，这至少给那些拒绝我的人留下了一个好印象。而这个好印象或许就是成功的开始。所以，一两个星期以后，我会再拨电话给这些潜在的顾客，力争让他了解我和我的产品。"所以，我们要学会坦然面对拒绝，更不要在被拒绝后，表现得没度量，那样只会给人拒绝自己增加一个借口。"好事多磨"，拒绝不一定是坏事，它至少考验了我们的毅力，并促使我们的反省，这使我们离成功又近了一步，所以，不仅不应该恼怒，反而应该为此感到庆幸。

生活的风风雨雨随时在考验着我们。一次失业、一次婚姻的失败、一个亲人的永别……太多的突如其来，太多的悲欢离合，或许会让我们招架不住，甚至失去对生活的信心。但只要你保持着泰然自若的心态，就一定能克服眼前的困难，走出痛苦的悲观情绪。

排雷日记

"天有不测风云，人有旦夕祸福。"生活充满不可预知，我们随时有面对不幸和伤痛的可能，不要去担心它何时会来，也不要去担心自己能否应对，重要的是要有迎接不幸与伤痛的勇气和心理准备。只有拥有处"雷霆起于侧而不惊"的淡定才能经受住生活的风风雨雨，只有拥有处"泰山崩于前而不动"的冷静才能穿越过人生的重重考验。

满招损，谦受益

古人说："满招损，谦受益。"

古往今来，成大事者，无不具备谦虚的作风。谦虚是风，会鼓起前进的帆。谦虚不是自卑，更不是妄自菲薄。一个懂得谦虚的人必然是胸怀大志的人，有卓越远见的人，因为他们看得远，看得深，能知道自己的不足，并能为提高自己而奋斗不息。

相反，一个不懂得谦虚的人，取得了一点成绩便沾沾自喜，自以为是，殊不知，骄傲是进步的"拦路虎"，一旦滋长了骄傲，就会变得目光短浅，止步不前，最终"泯然众人矣"。

被人们称为"力学之父"的牛顿在力学上发现了万有引力定律；在热学上，他确定了冷却定律；在数学上，他提出了"流数法"，建立了二项定理。而且和莱布尼兹几乎同时创立了微积分学，开辟了数学上的一个新纪元。他是一位有多方面成就的伟大科学家，然而他非常谦逊。对于自己的成功，他谦虚地说："如果我看得比笛卡儿要远一点，那是因为我站在巨人的肩上的缘故。"他还对人说："我只像一个在海滨玩耍的小孩子，有时很高兴地拾着一颗光滑美丽的石子儿，真理的大海还是没有发现。"

像牛顿这样伟大的科学家，在成功面前尚且如此谦虚，又何况我们这些平常人呢？也正是由于他的谦虚，让他取得了一个又一个的成功。

有这样一则寓言故事：

一次一只青蛙出主意，让两只大雁各咬棒的一端，自己咬住棒的中间飞向南方。

心态雷区——重塑自我，扫平困惑的记忆

临行前，大雁再三叮嘱："切记，不可开口说话，否则后果不堪想象。"起初，青蛙无论看见什么美景，都一直记着大雁的话，所以一直默不做声。

过了一会儿，经过一村庄的上空，一个小孩发现了它们，于是全村的人都出来观看这奇怪的队伍，齐喊："呀，多新奇！这是哪个想的巧计？真聪明。"大家你一言我一语。青蛙越听越高兴：智慧的人类还在称赞我呢，这时不向他们表白更待何时？于是，它大声呼叫："这是我的想法啊！""我"字还没有说出来，青蛙已经坠下摔死了。

这个故事告诫我们要随时保持一颗谦虚谨慎的心，骄傲只会满足暂时的虚荣，转眼它就会化为泡影。"虚心使人进步，骄傲使人落后"，虚心会让你更上一层楼，而骄傲却是心态的"雷区"，那我们要怎样培养谦虚的态度，而不至于踏入"雷区"呢？

（1）待人接物有礼有节

为人处世，不可太盛气凌人，要学会一点平易近人。盛气凌人，会给人霸道蛮横的感觉，让人在心理上产生抵触情绪，不利于交往和相处；而平易近人则给人如沐春风般的温暖，让人在心理上感觉轻松和愉悦，有利于彼此交往和相处。尤其在与别人商量的时候，更需要保持有礼有节，让商量在平等和谐的氛围里进行，这样更容易解决问题。周恩来是一个出色的外交家，这很大程度上与他待人接物温文尔雅、有礼有节是分不开的。他不论与大国还是小国打交道，都一视同仁，保持着谦虚谨慎的作风，赢得了世界各国人民的尊重。

（2）虚心求教，取长补短

孔子说："知之为知之，不知为不知，是知也。"为人处世，不要装模作样，知道就是知道，不知道就是不知道，一时的伪装瞒得了当时，却瞒不了永远。孔子还说"不耻下问"，就是说不把向学问、地位

等不如自己的人请教当成可耻的事。美国第三届总统托马斯出身贵族，他的父亲曾是军中上将，他的母亲也是名门之后。当时的贵族除了高高在上发号施令外，很少与平民百姓接触，然而托马斯没有秉承这一恶习，而是主动和各阶层的人交往，向他们询问施政的利弊和执行情况。他的朋友中，不乏社会名流，但更多的是普通的仆人、园丁、农民或是贫穷工人。

（3）在成绩面前淡定从容，绝不居功自傲

一个人取得荣誉固然可喜，但如果沉溺于这种荣誉之中，荣誉就会成为一种包袱，一种拖累你前行的包袱。所以，在面对成绩和荣誉时，应多一些谦逊，少一些骄傲。

居里夫人一生曾两度获得诺贝尔奖，而面对这些殊荣，她却从不居功自傲。有一次，一个朋友到她家做客，发现她的女儿正在玩弄英国皇家协会刚刚颁给她的金质奖章，他不禁大吃一惊，忙问居里夫人："这么珍贵的奖章，你怎么让孩子随便玩呢？"居里夫人笑了笑："我是想让她从小就知道，荣誉就像玩具，只是玩玩而已，绝不能守着它，否则将一事无成。"居里夫人不仅这样说了，她也这样做了。爱因斯坦曾这样评价她："第一流人物对于时代和历史进程的意义，在道德品质方面，也许比单纯的才智成就方面还要大。"爱因斯坦对居里夫人的评价是当之无愧的，她谦虚谨慎的态度和淡泊名利的品格将激励一代又一代的人为科学事业而奋斗终生。

（4）在错误和缺点面前绝不文过饰非，应虚心接受批评

执迷于缺点和错误而不自知，是一个人成功的障碍。批评的作用就在于指出缺点，引起改正的注意。如果不能善待别人的好意，接受别人的批评，那你的缺点错误恐怕永远无法改正。

心态雷区——重塑自我，扫平困惑的记忆

一位顾客在超市里买了一袋食品，回家打开一看，食物都发霉了。他怒气冲冲地找到超市营业员："你们店里卖的什么东西，你看，都发霉了！你们这不是拿我们顾客的健康开玩笑吗？"其他顾客闻声也都簇拥了过来，纷纷为这位顾客鸣不平。这个营业员面带微笑，连声说："对不起，对不起。没想到食品已经变质了，这是我们工作的失误，非常感谢您给我们指出来。您是打算退钱还是换一袋呢？如果换一袋的话，可以在这里就打开来给您看一看；如果退钱的话，我们双倍返还您。"面对营业员诚恳的态度，那位顾客的怒气渐渐消了，并要求换一袋。

失误和缺点是在所难免的，也许每个人都会遇到，但是当面对别人的批评时，会办事的人就会控制好自己的情绪，虚心接受别人的批评并且马上改正，这样自然会赢得别人的好感。

人非圣贤孰能无过，每个人都有过错和缺点。昧于错误和缺点而不自知的人，只能止步不前，甚至犯更大的错误。虚心待人，虚心接受别人的意见和建议，才能让自己不断进步。

排雷日记

"智慧是宝石，若以谦虚镶边，会更加绚丽夺目。"谦虚是一种美德，谦虚是一种修养，谦虚是一种智慧。谦虚应该是每个社会人应该具备的品质。凡具有谦虚品质的人，待人接物彬彬有礼，平易近人；凡具有谦虚品质的人，善于倾听别人的意见，问过亦喜；凡具有谦虚品质的人，不会满足眼前的成绩，而是不断进取，争取最好。而骄傲是心态的"雷区"，当我们取得荣誉时，要遏制住骄傲的苗头；对待批评时，要捧出请教的诚心。这样，我们才能不断进步，做得更好。

冲破一味清心寡欲的枷锁

　　清心寡欲在古代是一种美德,并被认为是有高尚道德情操的人所必备的品质。然而,在竞争激烈的现实社会,我们会面对各方面的压力,如工作、家庭和社会等,如果我们对这些避而不见,无欲无求,恐怕很难在社会上立足。面对这些压力,我们最好的办法不是逃避,而是勇敢面对,积极进取,这样才能不断进步,不断发展,不断适应竞争日趋激烈的现代社会。一个不断进取的人生才是精彩的人生。

　　1809年,林肯出生在肯塔基州哈丁县一个清贫的鞋匠家庭,用他自己的话说,他的童年是"一部贫穷的简明编年史"。小时候,他帮助家里搬柴、提水、做农活等。9岁的时候,林肯的母亲就去世了。

　　由于家境贫穷,林肯受教育的程度不高。为了维持家计,少年时的林肯当过俄亥俄河上的摆渡工、种植园的工人、店员和木工。18岁那年,林肯为一个船主所雇佣,与人同乘一条平底驳船顺俄亥俄河而下,航行千里到达奥尔良。

　　25岁以前,林肯没有固定的职业,四处谋生。成年后,他成为一名当地土地测绘员,因精通测量和计算,常被人们请去解决地界纠纷。在艰苦的劳作之余,林肯始终没有放弃学习,他夜读的灯火总要闪烁到很晚很晚。在青年时代,林肯通读了莎士比亚的全部著作,读了《美国历史》,还读了许多历史和文学书籍。他通过自学不断丰富了自己的学识。

　　1834年8月,25岁的林肯当选为州议员,开始了自己的政治生涯;同时,他也管理乡间邮政所,也从事土地测量,并在友人的帮助下钻研

心态雷区——重塑自我，扫平困惑的记忆

法律。几年后，他成为一名律师。积累了州议员的经验之后，1846年，他当选为美国众议员。关于奴隶制度的争论，成了美国政治生活中的大事。在这场争论中，林肯逐渐成为反对蓄奴主义者。但1850年，美国的奴隶主势力大增，林肯被迫退出国会，继续当律师。

1860年，林肯成为共和党的总统候选人，11月，选举揭晓，林肯当选为美国第16任总统。

林肯出身贫困，然而他从未放弃对生活的希望，他总是不停地转换角色来适应环境的需要，他当过摆渡工、当过木工、当过店员……最终当上了总统，靠的是什么？正是自己积极向上、勇于进取的精神。这个故事告诉我们，一个人不要担心自己的目前处境，只要不放弃希望，勇于进取，就会达到成功的顶点。积极进取是取得成功的良好心态，而安于现状、不思进取则是心态的"雷区"，那么我们要怎样才能做到积极进取，避开心态的"雷区"呢？

（1）树立人生目标

目标是人生航行的指向标，一个没有目标的人，他的生活就像漂浮在大海里的一叶孤舟，找不到前行的方向。一个有目标的人，才知道自己眼下的路该何去何从。目标是产生动力的源泉，是鞭策自己的藤条。有了目标，人生从此不再迷茫，进取才有了力量。目标因人而异，不在乎大小，在乎符合实际，只有符合实际的目标，才能实现自己的梦想，才能展现自己的价值。

（2）坚定人生信念

信念，是一个人对于世界观、人生观和价值观的可以确信的看法。信念，是一种力量，一种催人奋进的力量，它让人在逆境中不会失去希望，在失败中不会放弃梦想，在痛苦中不会自甘消沉。有了正确坚定的信念，就有了正确的世界观、人生观和价值观。一旦确定了

就会矢志不渝地坚守它，实践它。所以，我们的人生需要有坚定的信念。

（3）锻炼胆识

一个有进取心的人必然是一个勇士，因为进取不是一帆风顺的，进取会遇到诸多的困难和挑战，如果没有胆识，就不能战胜这些困难，就会沦为困难的奴隶。锻炼胆识，要从身边的小事做起，一次演讲是锻炼，一次表演是锻炼，一次在众人面前发表意见是锻炼，甚至一次和陌生人交谈也是锻炼，不要放过生活中任何可以锻炼的机会，从小事做起，一次次，一件件，你会慢慢发现自己的胆子越来越大，做起事来也越来越有魄力。

（4）锻炼意志

苏轼曾说："古今成大事者，不惟有超世之才，亦必有坚韧不拔之志。"意志力是一个人成功的必备因素，因为在进取的路上艰难重重，必须有坚强的毅力才能克服重重困难，经得起种种打击，才不至于灰心丧气，消磨进取的雄心。此外，意志还指一个人的自控能力，在面对金钱、权势、女色等的诱惑时，能否克制自己的欲望，不会一时冲动超越了道德底线。

（5）克服自卑

在人生的道路上，难免会遭受种种失败或挫折，面对一次的失败，可能有的人还能挺起自信的脖子，但面对一次又一次的失败，就很难说了。这时，很容易滋生自卑情绪。克服自卑情绪，首先要正确认识自己。人的情绪是受生理因素、环境因素和认知因素影响的，其中认知因素起着关键作用，他可以对自卑进行调节和控制。所以，当我们遭遇挫折或失败的时候，要认真分析原因，总结经验。认识得越深刻、越全面，越有助于我们排解自卑情绪。

心态雷区——重塑自我,扫平困惑的记忆

(6) 学会自我激励

进取是漫长而艰巨的过程,在这个过程中,也许你是孤独的,也许你是无人理解的,也许你会泄气,也许你会懒惰,面对这些问题,我们只有不断地激励自己,给自己"打气"才能度过,持之以恒,达到目标。自我激励的方法很多,比如时常默念自己的目标,憧憬自己的目标,为自己奋斗增添一些热情;还可以通过自我监督来警惕和防止惰性,让自己保持进取的斗志和雄心。

人生充满着竞争,生活需要强者。一味清心寡欲不应该成为每个有奋斗目标的人的信条,只有积极进取的人生态度才能克服艰难险阻,实现自己的人生理想。

排雷日记

生活充满了挑战,一个一味清心寡欲,不思进取的人是很难适应生活的。既然选择了生活,就应该义无反顾,勇往直前,哪怕头破血流。一个失败的英雄远比一个成功的英雄更值得敬佩。不要管是否成功,只要看自己是否真的努力过、奋斗过,所谓"成事在天,谋事在人"。失败了,大不了站起来,重新再来。生活是一艘逆水航行的船,不进则退。我们要时刻警惕懒惰、享乐等心态的"雷区",让自己时刻保持奋斗的激情,进取的豪气。相信天道酬勤,总有一天自己的汗水和泪水会得到回报。

失败是成功的预演,挫折是人生的排练

人生像一条河流,难免会遇到暗礁和险滩。面对失败和挫折,不同的人有不同的反应。有的人听说失败了,马上就一蹶不振,整天自暴自

弃；而另一些人则不同，面对失败，他们总会积极地寻找失败的原因，重头再来。有一句话说："失败是成功之母。"罗曼·罗兰也曾说过："要化悲痛为力量。"的确，当我们面对失败和挫折时，一定不要一蹶不振，要学会微笑面对失败和挫折。请记住一句话，失败是成功的预演，挫折是人生的排练。

古今中外，有成就的人无不在人生道路上面对过失败和挫折，但他们总是迎难而上，坚持到了最后，最终取得了成功。

数学上有名的平行公理，从它问世以来，一直遭到人们的怀疑。几千年来，无数数学家致力于求证平行公理，但都失败了。数学家波里埃终生从事平行公理的证明却毫无成就，最终在绝望中痛苦地死去。正当这个问题像无底洞一般吞噬着人们的智慧而不给予任何回报时，罗巴切夫斯基在经过七年求证而毫无结果时，终于找出了失败的原因。在反复推理论证的基础上，他从本质上认识了这一问题，从而破解了困扰人们千年的世界难题。

罗巴切夫斯基的事例告诉我们，在失败面前不要低头，一定要持之以恒。因为成功会眷念那些锲而不舍为梦想奋斗的人。

德国天文学家开普勒，在母腹中只待了7个月就早早来到了人间。后来，天花又把他变成了麻子，猩红热又弄坏了他的眼睛。但他凭着顽强、坚毅的品德发愤读书，学习成绩遥遥领先于他的同伴。后来因父亲欠债他失去了读书的机会，他就边自学边研究天文学。在以后的生活中，他又经历了多病、良师去世、妻子去世等一连串的打击，但他仍未停下天文学研究，终于在59岁时发现了天体运行的三大定律。他把一切不幸都化作了推动自己前进的动力，以惊人的毅力，摘取了科学的桂冠。

一 心态雷区——重塑自我,扫平困惑的记忆

开普勒的一生是不幸的一生,也是不断战胜挫折的一生。他在挫折面前不曾低头,而是凭着坚强的毅力致力于天文学的研究,并最终取得了举世瞩目的成就。

上面的例子告诉我们,人生的失败和挫折是在所难免的,能否成功取决于我们的态度,是知难而退呢,还是勇往直前?毫无疑问,只有勇往直前的人才能到达成功的彼岸,而知难而退是心态的"雷区",他会使我们前功尽弃,半途而废,失去人生奋斗的方向。结果只能是碌碌无为,悲叹终老。那么,我们要怎样避开心态雷区呢?

(1) 坚定人生的方向

人生之所以迷茫,是因为没有坚定的志向和明确的奋斗目标。没有坚定的志向,朝令夕改,结果一事无成;没有奋斗目标,得过且过,终究碌碌无为。青春需要珍惜,机会更要争取。迷失人生方向,缺少奋斗目标,只会任时光匆匆而过,机会悄然逝去,留下无可挽回的遗憾。只有坚定人生方向,并为之努力奋斗,才能享有精彩人生。

但有的时候正当你为心中的理想在奋力拼搏时,却遭到了意外的打击和挫折。它如同一块巨石压得你喘不过气来。顿时感到身心疲惫。也许,这时你会变得动摇起来,彷徨起来,也许还会发出这样的感叹:"唉,我的出路在哪里呀?怎么还是没希望。"叹息是没有用的,如果你已经确定了方向,就挺着腰杆继续向前走吧。相信"忧郁的日子终将过去,快乐的日子将会来临"。也许成功就在不远处。

(2) 培养坚强意志

"天将降大任于斯人也,必先苦其心志,劳其筋骨,饿其体肤,空乏其身,行拂乱其所为,所以动心忍性,增益其所不能。"一个人在通往成功的路上会经受很多磨难,这些磨难无不考验其意志力。

坚强意志是行动的强大动力。有了坚强的意志,你不会惧怕任何的艰难险阻,而是充满激情,勇往直前。坚强意志是克服困难的必要条

件。要战胜困难，不仅需要智慧、勇气，更需要坚强的意志，有了坚强的意志，任何困难都会在你面前低头。坚强意志是事业成功的保证。凡是有作为的人，无不具有坚强的意志。有了坚强的意志，才经得起生活的风风雨雨，才能踏平人生的坎坎坷坷。

所以，坚强的意志对于我们做任何事都有重要意义。

（3）树立自信心

有信心的人，可以化渺小为伟大，化平庸为神奇。在人生的道路上我们会遭遇种种磨难和坎坷，如果没有自信心的支持，我们很可能会畏缩不前，半途而废。自信心是一种内在的精神力量，它能鼓舞人们去克服困难，不断进步。高尔基指出："只有满怀信心的人，才能在任何地方都把自己沉浸在生活中，并实现自己的理想。"

自信心使人勇敢，自信的人是以一种轻松自然的态度来面对生活中复杂的情景或挑战，表现出一种大智大勇的气度。自信心使人果断。自信的人勇于承担责任，不会因为事关重大而优柔寡断，不会想着逃避不好的结果而瞻前顾后，因而会保持一贯的果断作风。

因此，在前行的路上一定要树立坚定的信心，自信心可以使人藐视困难，集中全部智慧和精力去迎接各种挑战。

（4）乐观向上的心态

乐观的人在遭受挫折打击时，仍然坚信："道路是曲折的，前途是光明的。"乐观的人在逆境中不悲观、不绝望。以坚定的信心，以豁达的态度对待生活，因此他们总能战胜困难，渡过难关。

乐观是一种态度。乐观者把失败和挫折看作是一次宝贵的经历，相信这一切不过是暂时的，总有拨云见日的那天。而悲观者却把失败和挫折看作是一次沉重的打击，怨天尤人，自暴自弃，没有重头再来的勇气和信心。显然，乐观向上的心态才是健康的心态，是走出逆境，重获成功的必要心态。

心态雷区——重塑自我,扫平困惑的记忆

假如生活欺骗了你,不要悲伤,不要心急,忧郁的日子里需要镇静。相信吧,快乐的日子将会来临。失败和挫折是人生不可避免的,只要你抱着一颗坦然乐观的心态,相信一定会走出阴影,重拾希望。

排雷日记

别再留恋破碎的旧梦,别再计较暂时的得失,别再担忧明天的天气。既然选择了前方,就只管风雨兼程,微笑着送走不愉快的阴云,不要让它们遮住了你的眼睛。不要因为今天的失败就否定明天的成功,不要因为今天的挫折就否定了明天的胜利。相信吧,失败是成功的预演,挫折是人生的排练。

忍耐不是窝囊

俗话说:"忍一时风平浪静,退一步海阔天空。"孔子也曾说"小不忍则乱大谋",可见忍让对一个人和他的人生是多么重要。忍让是处世的良方。无论是朋友间,还是同事间,无论是夫妻间,还是邻里间,都需要相互忍让,这是为人处世的一种必备心态。

王某和李某是同事。一天晚上,王某和李某在一起打麻将,忽然,王某接到一个电话,说有急事要离开一下。李某因为输了钱,心里不痛快,认为王某是在找借口离开,于是说道:"赢了钱就想走。""我是那种人吗?我真的有事。"李某不依,说要走可以,得把赢了的钱留下。王某认为这简直太荒谬了,自己赢的钱凭什么要拿出来。于是双方争吵起来,而且越吵越厉害,朋友们都忙着劝说,可是双方不听。眼看王某要从门口出去了,李某气愤不过,随手拿起一个凳子猛扔过去,王某当场倒地,后因抢救无效死亡。李某也被公安机关带走,等待他的将是法律的严惩。

张某与妻子朱某在同一工厂打工,两人收入都不高,生活很拮据。妻子朱某经常抱怨丈夫没本事,夫妻俩经常为生活琐事争吵。朱某还扬言要与张某离婚,张某则怀疑朱某有外遇。

一天晚上,两人又因张某打了儿子一巴掌而争吵起来,朱某扬言明天就与张某办离婚手续,张某盛怒之下,从床下拿起一把锤子向朱某的头部、肩部和背部敲去,朱某被打后奋力反抗,张某更为恼火,于是继续向朱某背部接连敲打,致使朱某当场昏迷,血流满地。事后,朱某依法向法院提起诉讼,要求离婚。

俗话说:"百忍成金。"无论同事间、朋友间还是夫妻间,忍让都是相处之道。忍让能化干戈为玉帛,忍让能化愤怒为冷静。如果不懂得忍让,则会让冲动迷失了理智;如果不懂得忍让,则会让愤怒丧失了智慧。事例中的朱某和张某就是因一时冲动而铸成了大错,可谓悔之晚矣。

生活中很多人认为忍让就是窝囊,就是没出息的表现,于是事事争先,处处逞能。吃不得一点亏,受不得一点气。吃了亏就必须要回来,受了气就必须挣回来。试问,谁愿意和这样的人交往呢?良好交往的原则应该是彼此受益,如果只图自己受益,老想占别人的便宜,而不顾他人的感受,这样的处世方法,只会让人们对你避而远之——惹不起还躲不起吗。如果人人都对你避而远之了,那你的生活,你的人生还有意义吗?其实,忍让绝不是窝囊的表现,忍让是一门学问,忍让是一种智慧。古往今来,成大事者都是懂得忍让之道的。

(1)忍让是一种韬光养晦,是一种深谋远虑

刘备时运不济,不得不依附曹操。面对曹操专权横行,作为汉室帝胄的刘备看在眼里,痛在心里。可是他又不能发作,毕竟自己寄人篱下。《三国演义》载:玄德也防曹操谋害,就下处后园种菜,亲自浇

灌,以为韬晦之计。关、张两人曰:"兄不留心天下大事,而学小人之事,何也?"玄德曰:"此非二弟所知也。"两人乃不复言。一天,曹操摆下酒筵来试探刘备,问刘备天下有哪些英雄,刘备随意列举了当时叱咤风云的一些人物,只不提自己。《三国演义》载:操以手指玄德,后自指,曰:"今天下英雄,惟使君与操耳!"玄德闻言,吃了一惊,手中所执筷子不觉落于地。正好此时,雷声大作,刘备佯装怕雷,才将手中所执的筷子掷于地下。曹操笑曰:"丈夫亦畏雷乎?"玄德曰:"圣人迅雷风烈必变,安得不畏?"操遂不疑玄德。刘备种菜,暗示自己胸无大志;巧妙解释掉筷子,暗示自己胆小。以此来麻痹曹操,让自己免于性命之忧。这就是忍让的智慧。

(2) 忍让是一种以退为进,雄才大略的表现

鳌拜欺负康熙年幼,独断专横,气焰嚣张。康熙心里不满,却只好忍气吞声,假装对鳌拜敬重有加。后来,康熙召索额图进宫密谋除掉鳌拜。两人密谋后,康熙以陪伴自己玩耍为名,下令在八旗子弟中挑选身体强壮的青少年进宫,实则是要锻炼他们将来用来除掉鳌拜。这些少年天天陪康熙表演角斗、摔跤。即使鳌拜进宫奏事,康熙也不让这群少年回避,还故意混在其中与他们玩耍。鳌拜将这一切看在眼里,表面上劝康熙要以国事为重,心中却暗暗高兴,认为康熙玩物丧志,自己以后可以继续掌握朝中大权,于是对康熙失去了戒备之心。经过日复一日的训练,这些少年变得越来越强壮了,俨然是"高手"了。一天,康熙称有事相商,宣鳌拜在南书房见驾。鳌拜刚刚跨进门槛,突然从两侧跳出一群少年,蜂拥而上,还没等他明白到底是怎么回事,就已经被按倒在地上。这就是康熙智擒鳌拜的故事,康熙面对鳌拜的专横跋扈,没有与鳌拜翻脸,而是选择了暂时忍让,并精心谋划,瞒天过海,最终除掉了心腹大患。

(3) 忍让是一种美德,是一种风范,是一种宽广的胸怀

清朝时,安徽桐城有一个显赫的家族,父子两代为相,这就是张

英、张廷玉父子。康熙年间，张英在朝廷任礼部尚书、文华殿大学士，可谓是位高权重。桐城的老宅与吴家为邻，两家府第之间有个空地，供双方来往交通所用。后来吴家建房想占用这个通道，张家不同意，双方将官司打到县衙门。县官考虑双方都是官位显赫的名门望族，不敢轻易判决。于是，张家人写了一封信给张英，要求张英出面干涉。张英收到信件后，给家里的回信中写了这样一首诗："千里家书只为墙，让他三尺又何妨？万里长城今犹在，不见当年秦始皇。"家人阅罢，明白其中意思，主动让出三尺空地。吴家见状，深感愧疚和感动，也主动让出三尺之地，这样就形成了一个六尺的巷子。这就是著名的"六尺巷"。张英面对纠纷，没有以势压人，还是以忍让来换取邻里和睦，成为千秋美谈。可见，忍让不是软弱，更不是窝囊；不是放弃对真理的追求，也不是放弃对原则的坚守；不是对真正人格的辱没，更不等同于向敌人屈服。

在变幻莫测的现实社会中，聪明的人知道何时该忍，为何而忍，而不是不自量力，逞一时英雄。得忍且忍，方能知耻后勇，东山再起。勾践能够卧薪尝胆而成就千秋霸业，项羽却一时冲动挥剑自刎，留下千古遗憾。勾践和项羽的区别在于能忍与不能忍之间。

忍让不是窝囊，是一种智慧，是一种胸襟。不仅成大事需要忍让，生活中的小事同样需要忍让。

排雷日记

忍不是窝囊，把"忍"看成窝囊是生活的雷区，它会让你因冲动而失去判断力，因恼怒而失去思考力。这样会让事情变得越来越复杂，越来越糟，远远出乎自己的想象。忍是一种处世的学问。俗话说，心字头上一把刀，一事当前，忍为高。有了忍让，生活才能保持应有的平静；有了忍让，社会才能保持必要的和谐；没有忍让，就不存在友谊；没有忍让，就谈不上实现理想。

二 职场雷区
——冷静应战，洞悉职场潜规则

随着竞争日趋激烈，求职者难，工作者也难，每个人都使出了浑身解数向金字塔顶端前进。然而，我们经常看到这样的现象：一些专业技能和综合能力都很普通的人，往往能找到自己理想的工作；一些专业知识和综合能力都很突出的人，却屡屡惨遭失败。这难道可以简单地归结为运气不好吗？不见得全是。

其实，职场的成败去除个人能力和偶然因素外，很大程度上取决于一个人的职场生存能力。生存能力强的人往往能脱颖而出，而生存能力较弱的自然就会被淘汰出局。

面试中的语言雷区

对于每一个求职者来说,最大的困难可能就是如何回答面试人员的问题了。尤其对于经验少的求职者来说,面试官的提问,通常使他们防不胜防,措手不及,平时滔滔不绝、口若悬河的本领到那时却变成了面红耳赤、语无伦次了。即使是久经沙场的"老将"有时也难免会栽跟头。

小袁在大学里学的是法律专业,毕业后他申请了一家市场营销公司的推销员。面试中,考官问道:"你学的专业和申请的职位不对口,你能干好吗?"小袁有些不知所措,但为了显示自己的自信,他斩钉截铁地说:"谁说一定要专业和职位对口才能做得好工作?我看不见得,我有个同学他学的是……"小袁说着说着,感觉面试官的脸色越来越不对劲,但还是强装镇定,一直说下去,可没等他说完,面试官示意他可以出去了。

小袁没有注意自己说话的语气,一般来说,在与面试官的交谈中应尽量避免使用反问句,反问句的语气容易让人与人之间产生对立情绪。其实,小袁完全可以这样说:"听说,21世纪最抢手的就是复合型人才。外行不一定比内行差,因为他们没有思维定式,没有条条框框,敢于突破和创新。我虽然学的是法律专业,但我有过销售这方面的工作经历和经验。我相信通过自己的不断学习,一定能干好这份工作,希望贵公司能给我这次机会。"

面试虽然不能测评一个人的所有素质,但绝大多数用人单位都想通过面试来对求职者做一个大致了解。面试时间有限,所以,求职者在面

职场雷区——冷静应战，洞悉职场潜规则

试的过程中应该谨言慎行，扬长避短，努力把自己最好的一面在短时间内展现出来。

小高做过几年文员的工作，最近他跳槽了，去应聘一个秘书的职位。凭借自己的经验和专业知识，在面试过程中，小高对答如流，和面试官"相谈甚欢"。眼看就要成功了，面试官和他套起了近乎，说："哎，现在的社会很复杂啊，尤其是单位里的人际关系不好处，刚毕业的大学生也许体会不到，相信你有所体会吧？"小高认为这是面试官在和自己推心置腹，于是敞开心扉地说："是啊，我以前就是因为看不惯我们公司的那些人整天钩心斗角才辞职的。"这话刚说出口，小高发现自己好像"上当"了，怎么把心里话说出来了，要知道，处理各种复杂的人际关系也是一个秘书的重要职责之一啊。果不其然，面试官突然话锋一转，说道："看来，你不怎么适合干秘书这一项工作。"小高真后悔自己把心里话说了出来，也怨自己中了面试官的"圈套"。

事例中的小高输在了掉以轻心上，误中了面试官的"圈套"。我们知道，在面试的时候，面试官的每一问题、每一句话都是有他的用意的，无非就是为了考验你，所以在面试的时候，要始终把自己摆在应聘者的位置上，对于考官的一举一动都要格外留心，细节决定成败，一定不能大意。

虽然每个用人单位的面试问题五花八门，各尽其能，但万变不离其宗，只要掌握了面试的技巧和规律，加之临场的镇定自若和灵活应变，相信你一定会无往不胜的。那么，面试的时候究竟有哪些雷区值得注意呢？

（1）用"激将法"遮蔽的语言雷区

"激将法"是面试考官淘汰应考者的常用手法之一。如上述事例一。采用这种方法的面试考官，往往在提问之前会用怀疑的目光观察对方,给对方的心理上造成一定的压力,然后在交谈过程中则使用比较尖锐、咄咄逼人的字眼和语气来刺激对方。如:"你的经历如此单纯,而我们需要的是工作经验丰富的人,你觉得你能胜任这份工作吗?""你性格过于内向,恐怕不适合这项职业吧","我们需要名牌院校的应考者,你并非毕业于名牌院校,没有资格",等等。面对这些带有怀疑、故意刁难,甚至讽刺的发问,作为应考者,首先要沉着冷静,无论如何不要被"激怒",如果你被"激怒"了,那么你就已经输掉了。那么,面对这样的发问,该如何应对呢?

面对面试官的"激将法",应考者需要从容不迫,冷静作答。切记结结巴巴,无言以对,或者怒形于色,据理力争。如果是这样,你就掉进了对方所设的圈套,失败也就在所难免了。

(2) 挑战式的语言雷区

这类提问通常从求职者最薄弱的环节入手,考验求职者的心理素质和应变能力。对于初进职场的人来说,面试考官可能会问:"你的相关工作经验比较欠缺,你怎么看?"对于女性,面试考官也许会设问:"女性通常会对自己的能力缺乏自信,你怎么看?"

如果你的回答是"我看不尽然""不见得吧"或"根本不是这么回事"这类简单、生硬的语句,那么也许你已经踩上雷区了,因为对方希望听到的是你对这个问题的看法,而不是粗暴无礼的质疑和反驳。对于这样的问题,你可以用"这种看法值得探讨""这种说法未必全对""这种说法虽然有一定的道理,但我恐怕不能全部接受"作为开场白,然后婉转地表达自己的意见,相信效果会比简单生硬的反驳好多了。

(3) 诱导式的语言雷区

这类语言雷区的特点是,面试考官通过设定一个特定的背景条件,来诱导对方做出错误的回答。如:"依你现在的水平,恐怕找一家比我们这里更好的公司不是难事吧?"如果你的答案是"是的",那么面试官可能就会怀疑你脚踏两只船，没有稳定下来工作的意愿。如果你的回答是"不是的"，又会让考官怀疑你缺少自信心或者你的能力有问题。

这类问题也许任何一种回答都不能让对方满意。这时候，你不妨用模棱两可的方式来回答。你可以先用"不可一概而论"作为开头，然后回答："或许我能找到比贵公司更好的去处，但别的公司或许在人才培养方面不如贵公司重视，在发展潜力上不如贵公司大。所以，我相信在贵公司我更有施展拳脚的余地。"这样的回答，其实你是把一个"模糊"的答案抛还给了面试考官，从而巧妙地避开了雷区。

（4）测试式的语言雷区

这类问题的特点是考官虚构一种情况，让应考者作出回答以考察其应变能力。比如"今天参加面试的有近20位候选人，你如何证明自己是最优秀的？"对于这类问题，大多数求职者都会大谈特谈自己的优点，可是无论你给自己列举多少优点，把自己说得如何神乎其神，别人总有你不具备的优点，因此从正面回答这样的问题显得苍白无力。所以不妨从侧面来回答这个问题。

你可以这样回答："对于这一点，要视具体情况而论，如果贵公司现在所需要的是行政管理方面的人才，即使前来应聘的都是这方面的对口人才，我深信凭我在大学期间当学生干部和主持社团工作时打下的扎实基础，我也有很大胜算的。"这样的回答可以说不卑不亢，很难让对方抓住把柄。

（5）"请君入瓮"式的语言雷区

在各种语言雷区中，最防不胜防、最具危险的，可能要算"请君入瓮"式的语言雷区了。比如，你前去应聘一家公司的财务经理，面试考官可能会问你："你作为财务经理，如果我要求你在1年内逃税200万元，你采用什么方法才能做到呢？"如果你当场绞尽脑汁地思考逃税计策，或滔滔不绝地立即列出一大堆逃税方案，那么你就中了圈套，踩上了雷区。因为抛出这个问题的面试官,正欲借此来考察你的商业判断能力和职业道德。要知道,遵纪守法是一个员工最基本的行为要求。如果连这最起码的一点都做不到,那又怎么能成为一名合格的员工呢?

总之,面试的时候要从容应对,充分留心考官的问话。回答之前,必须想好自己怎样说,哪些能说,哪些不能说,切忌口无遮拦,吞吞吐吐,掉入考官设置的雷区。

排雷日记

面试是每一个求职者不可避免的一道关卡。面试过程也是主试方与被试方双方斗智斗勇的过程。所谓"知己知彼,百战不殆",只要你能识破面试的陷阱,巧妙地避开雷区,扬长避短,相信你一定能顺利通过面试关,实现自己的目标。

得理亦可饶人,不要陷领导或同事于尴尬境地

有这样一句名言:"人不讲理,是一个缺点;人硬讲理,是一个盲点。"很多时候,理直气"和"远比理直气"壮"更能说服、改变他人。如果你不留一点余地给别人,不但消灭不了你的"敌人",还会让身边的人因此疏远你。

在职场上,如果你得理不饶人,步步紧逼,就会激起对方"求生"的意志,既然是"求生",就会不择手段,不顾后果,这很可能对自己造成伤害。假如在别人理亏时,得饶人处且饶人,就算对方不对你心存感激,至少不会与你为敌。"三十年河东,三十年河西",假如有一天你失势了,别人得势了,你想他会怎么对待你呢?因此,得理饶人,也是为自己留条后路。

职场雷区——冷静应战，洞悉职场潜规则

一天，小张走进科长办公室，还没落座就声泪俱下。"明明事情是我做对了，为什么还批评我？真是没有好人走的路了……"是什么事情、什么原因让小张这么难过呢？

小张学的是某地著名的广播传媒大学文秘专业，毕业后较顺利地被本市一个市级协会录用。开始几年做收文、登记、传阅、催办和归档等日常工作。她专业对口、业务熟悉，颇受领导赞扬，更由于她喜爱干这项活儿，逐渐进入了忙碌但愉快的工作状态。五六年后，她不安于现状，主动找工作、创新工作。她整理建立健全了和文秘工作有关的规章制度，为各部门查阅和利用档案提供方便服务。不久，她被提升为副科长，对自己的绩效评价有了蒸蒸日上的感觉。

几天前，一位男同事借走一份资料没有按时归还，小张当着男同事部门的人批评道："你真不长脑子，你不知道这份资料我急着用呢？你太不负责任了。"男同事连声道歉："张科长，怨我，怨我，我错了。"小张气呼呼地说："怨你就完啦？知不知道耽误了我多少时间？"说完扭头就走，找到科长，本想得到科长的安慰，没想到科长却说："你怎么总是得理不饶人呢？有什么事私下来说，何必当着那么多人的面批评别人？"小张遭到当头一棒，于是才有了故事开头那一段。

事后，小张进行了反思，发现最近几年，的确在对工作自我感觉良好的同时，人际关系出现了问题。不时和同事发生口角，虽然每次都是自己占理，但却伤害了别人的自尊。虽然工作时周围同事还是互相配合，但积极主动的感觉没有了；虽然休闲时大家还是有说有笑，但朋友间的情感沟通没有了。

从这个例子可以看出，在职场中如果得理不饶人，很可能会伤害同事之间的情谊，不利于团结和工作，而且次数多了，上司看在眼里，也会不满，因为你得罪了大多数人，上司为了大家的利益，很可能会牺牲

你。这就是为什么科长对小张不满的原因。在职场中我们要妥善处理人际关系，做到"得理亦可饶人"，不要误入职场雷区，造成不可挽回的损失。那么，在职场中我们应该怎样做呢？

（1）学会控制情绪

在职场中，同事之间是相互合作、相互配合的关系，很多时候需要一起完成某个策划或项目等，所以难免会存在不同意见，即使自己在理，也不要气势汹汹，盛气凌人，要学会控制自己的情绪，耐心和同事讲解、商量，力求达成一致。如果不能达成一致，再找上司裁决。

如果你是某个项目和策划的主要负责人，你的同事不小心犯了错，也不要揪着错误不放，大发脾气，尤其是在众人面前，更要控制好自己的情绪，不要为了自己一时冲动而伤了同事间的情谊，这样不仅不利于工作的实施，也会造成不良的人际关系。

（2）谨言慎行，给人留面子

职场环境复杂，你可以指责你的同事尤其是你的下属，但要注意说话的分寸，尽量避免伤了他人的自尊。几乎所有的人都看重自己的面子，宁可牺牲利益，付出代价，也要保全自己的面子、自尊、名誉。在职场中即使我们得理，也要胸怀大度，学会饶人，即使是为了工作一时冲动，口不择言，因为这件事产生的潜在后果就是别人对你的嫉恨——嫉恨你伤了他的自尊，嫉恨你让其难堪。面子因被别人尊重而存在，是每个人都十分重视的公开场合形象。

一般来说，如果我们私下得罪了一个人，当时只有你我在场，那么很容易得到另一方的谅解，但如果是公共场合下得罪了别人，让他很没有面子，那就会严重影响双方的关系。所以，我们在职场中要谨言慎行。

（3）学会暂时忍让

在职场中，有时难免出现上司同下属的意见不合，产生摩擦，或由

职场雷区——冷静应战，洞悉职场潜规则

于上司的情绪反常，或是在处理问题时偏激，引起下属不满，这时即使自己的理由是正确的，也要学会暂时忍让。作为下属，首先要克制自己的脾气，在人前给上司留足面子，在两人独处时再委婉发表自己的意见。

所以，在工作上如果我们和上司意见不合，一定要找到妥善的方式和上司沟通，即使自己心里不服，心里有更好的想法，也不要一时性急，去指责上司的纰漏。那样是缺乏理性的表现，是职场所忌讳的。"忍一时风平浪静，退一步海阔天空"，暂时的退让是为了更好地前进。

排雷日记

在职场中，与同事发生一些摩擦是很正常的。但在解决这些摩擦的时候，要注意态度和方式，要克制冲动，尽量不要让摩擦激化。即便是自己有理，也要给对方留有余地。不要摆出一副不通情理的样子，让同事们对你畏而远之，这样不利于你获得同事的支持和工作的开展。尤其在上司面前更不要锋芒毕露，得理不饶人，这会引起上司的反感，不利于自己的发展。所以，在职场中得理亦可饶人。

热衷小道消息伤人又害己

职场中，闲谈、散布小道消息、八卦别人的隐私似乎在所难免。我们常会在办公室、洗手间、电梯间或者茶水间听到这样或那样的流言飞语。说某某某将要高升了，说某某某失恋了，说某某某想跳槽了，等等。

其实，每天穿梭在职场里，看似平平静静，实则暗流涌动。有好多人喜欢把自己有意或无意间听到的小道消息拿出来作为笑柄；还有的人明明看到的是"一",却浓墨重彩地描绘成"二",生怕自己的故事不生动,不能让人信服;更有甚者,什么也没看到,什么也没听到,却告诉别人自己听到了,看到了。如果你也热衷于这些职场小道消息的话,千万要注意,你可能已经踏入职场的"雷区"了。

李先生是某国有企业部门经理,最近因为国家进行国企改革,将对企业内部做一次大的调整,以求发挥企业的最大效能,有消息称,公司将选拔一位副总。

李先生有位好朋友,在做总经理的秘书,叫小王。因为小王接近公司上层,所以比常人更了解公司的动态和人事安排。

一天,李先生和小王聊天时,小王无意中说出了公司高层对李先生的青睐,有意提拔他为公司的副总。

李先生表面上满不在乎,还谦虚地说自己资历尚浅,工作能力有待提高等推脱的话,实则在心里面已经信了三分。因为小王的消息向来灵通,很少出错,况且自己这些年表现也不错。

此后,李先生一直默默地关注着高层的一举一动,种种迹象表明,小王所说非虚。于是,在人前不免有了几分得意之情,显示出一副副总的派头。

渐渐地,小道消息传开了,不少人也都知道李先生要高升了,不用说,拉关系、套近乎、拍马屁的不在少数。

但不久之后,公司决定由另一位部门经理出任副总一职,李先生白高兴了一场。心里落差很大,终日愤愤不平,甚至多次找总经理理论,还在同事面前抱怨公司赏罚不明,结果和上司闹得不愉快,原本在上司心目中的好形象也被破坏了,晋升之路更加渺茫了。

李先生之前的得意之情丝毫不见了,原来巴结他、吹捧他的那些人也都对他不理不睬的,转而去巴结新的副总去了。无论到哪里,李先生总感觉同事们好像在背后议论他、嘲笑他。

而给他提供消息的小王也因这件事,显得很无奈,原来很好的关系一下变得很尴尬,从此不相往来。

不难看出,李先生的失落情绪是由于轻信传言造成的。由于他的轻信,造成了前后心理不平衡,还弄僵了自己与上司之间的关系,被同事指指点点,也失去了一位好朋友。无论是工作上还是身心上都受到了严重打击。而小王可以说是这件事的"罪魁祸首",由于他的误传,既使自己失去了一位好朋友,也深深伤害了好朋友。

其实,职场和其他地方一样,只要有人的地方就会有各种谣言,各种小道消息,各种流言飞语。它们有有利的一面,能帮助我们通过不同的渠道了解各种信息,以便做好准备,应对随时可能出现的变化;然而,它不利的一面我们也不能忽视,一来影响职场环境,搞得人心惶惶,二来容易伤害他人,也容易伤害自己,令人望而生畏。

所以,在职场中,我们要保持清醒的头脑和冷静的心理,既不要去散播小道消息和八卦新闻,又不要轻信这些谣言,更不要为谣言提供材料,否则只会使自己陷入职场雷区。那么,在职场中我们具体应该怎样做呢?

(1) 沉默是金

职场是一个名利的争斗场,我们要学会多做少说,因为办公室不是自己的家,不是什么话都可以随便乱说的。有些话,一旦说出去,就有可能被人利用,或恶意传播,这样会给自己带来不必要的损失和麻烦。比如你对现在的工作有什么不满意的地方,不要轻易说出来,因为别人很可能会利用你的一句无关痛痒的抱怨做文章,向上司打小报告,说你对公司有不满情绪,甚至说你有跳槽的想法,这对你在公司的发展很不利。

如果真有什么心里话要说，可以找工作之外的一些好朋友倾诉，这样既发泄了情绪，又不至于被人利用。

（2）守口如瓶

有时候在公司里，我们会听到很多关于同事们私生活的传闻，这时，我们要克制自己的好奇心，不要寻根究底问个不停，即使自己知道了一些，也不要四处传播，这样会失去同事们对你的信任，让他们从此对你怀有戒心。

（3）适时抽身

几个要好的同事经常聚在一起谈论、说笑，也是无可厚非的，但如果谈论的话题涉及别人的隐私，或者干脆是在背后说别人的坏话时，你就要注意了，不要妄加评论，也许别有用心的人就是在等你的评论，过后大做文章。这时，你可以借故离开，避免是非的旋涡。

（4）适可而止

每个人都有自己的隐私，即使再亲密的朋友，也不能把秘密全都告诉别人，何况在复杂多变的职场环境下呢？同事间应保持适当的距离，谈话也应适可而止，不要把你的隐私轻易告诉别人，也许正是你的真诚给人提供了中伤你的谣言。

（5）学会拒绝

有的人热衷职场的小道消息，总喜欢四处打听消息，收集资料，然后再经过自己的"加工改造"，就变得煞有其事了。对于这种人要提高警惕，当他向你打听别人的隐私时，即使自己知道也要装作不知道，千万不要给人传播谣言提供素材。

（6）明辨真伪

当有的传言已经不胫而走了，如果确定是无稽之谈，我们就不要添油加醋，更不要为谣言的传播推波助澜，我们可以"装聋作哑"，假装自己什么也没看到，什么也没听到，避免自己卷入职场是非。如果传言

职场雷区——冷静应战，洞悉职场潜规则

有一定的根据，我们不妨多个心眼，留意事态的发展，做好应对的准备，以备不时之需。这样不至于比别人慢半拍。

职场是工作的地方，不是传播八卦、制造谣言的地方。热衷小道消息最终害人又害己，是职场的禁忌。

排雷日记

所谓"祸从口出"，不管是泄露自己的私事，还是谈论听来的是非，都存在言多必失的危险。更不要以成为八卦中心而为荣，以为自己神通广大，其实已经陷入了职场的雷区。因为没有一个上司喜欢不务正业的下属，也没有同事愿意和一个整天搬弄是非的人一起工作。

无论你扮演怎样的角色，职场对于你来说，不过是一个舞台，一个等待你表演才能的舞台。在这个舞台上，请记住，你的本职工作是表演，而不是职场小道的传播者、无聊闲谈的拥护者，流言飞语的轻信者。

过分表现自己，有时也是一种错

初涉职场的人，往往急于展示自己的才能，证明自己的实力，以期尽快得到他人的认可。因而表现得锋芒毕露、急于求成，凡事都要争个"先手"，有时还要来个"抢跑"。但是，过早地掀起和卷入竞争，未必是一件好事。

赵刚，是某名牌大学的高才生，毕业后，他很快找到了一家外企公司，公司不仅待遇好，各方面的条件都令赵刚很满意，于是，他决定在这家公司大干一场。

刚进公司的赵刚，就给上司和同事留下了很好的印象。他有一口流利的英语，很得上司的欣赏，甚至有时一些重要的会见也让他在旁边做翻译。他常常什么事都抢着做，起初，大家都认为这个小伙子勤快，乐于助人，都对他交口称赞。可渐渐地，大家却躲着他，即使他提出帮忙的要求，大家也纷纷推辞。

其间，有位老员工告诫他，不要凡事都锋芒毕露，多做点实事。这本来是老员工的肺腑之言，也是一句职场箴言，可赵刚却认为是别人忌妒他，怕自己被上司赏识而威胁他们的利益。赵刚依旧我行我素，还是处处急于表现自己，甚至不惜打压别人来衬托自己。

每次开会，赵刚都抢着发言，甚至有一次他还指出某个部门的工作存在这样那样的缺点，弄得这个部门的经理很没面子。虽然总经理表面上称赞了几句，但心里却认为赵刚太过表现自己，目无大小，不利于团队合作，而且他还是新人，在没对公司部门运营深入了解的情况下就妄下评语，显得浮躁不审慎。上司以此为由，拒绝了赵刚成为正式员工。

自视甚高的赵刚不得不再次寻找工作。

职场如战场，稍有不慎就可能踩入雷区。久经职场的人往往懂得韬光养晦，敛其锋芒，而初入职场的人却看不到职场的险恶，想凭自己"初生牛犊不怕虎"的气概闯出一番天地来，却往往遭当头一棒，还不知是怎么回事。

其实，赵刚的问题也是大多数初涉职场的人遇到过的问题，一进职场，都想给上司和同事留个好印象，处处想表现自己，处处想争当第一。然而，处处表现自己就真的能得到上司的青睐、同事的认可吗？

新员工过分表现自己是一个职场雷区，初入职场，由于不了解企业的现实状况和团队现状，盲目地勇往直前，往往会犯错，甚至可能会招致同事的忌妒、排挤和冷落。而且过分锋芒毕露，还会给上司造成一种错觉,以为你无所不能,对你产生过高的预期。但是一旦你的工作出现失误,令人不满意,则会令上司产生很大的心理落差,对你的个人印象也大打折扣。这些都是不利于个人职业发展的。具体来说,新员工过分表现自己有以下三个坏处。

其一,在无形中将自己放在一个较高的起点上。因为你处处显露自己的才能和实力,人们就会产生一种心理定式,认为你比别人强。一旦你出现了失误或失败,别人轻则说你尚欠火候,重则幸灾乐祸地说你这是自不量力的后果。

其二,会过早地卷入职位升迁之争。升迁之争,一般采用淘汰制,即通过不断地淘汰不合格者来实现金字塔式的职位升迁。过早地参与这个程序,就有可能过早地遭到淘汰。因为初涉职场的人对这个程序缺少了解和经验,以为淘汰单是靠能力说话,于是拼命表现自己。殊不知,淘汰还要权衡集体利益的得失,考虑人际关系的好坏,有时还要靠机遇和运气,有时甚至是一种人为的暗箱操作和利益交换。过早地卷入职场竞争,急于求成,只会是欲速则不达。

其三,初涉职场,根基不稳,虽势头旺盛,但经不住风吹雨打。倘若你没有技压群芳的底牌,却一股脑儿地将自己的浑身解数使出来,一旦成强弩之末,那你就注定要出局了。还是中国那句老话说得好:"好话不可说尽,力气不可用尽,才华不可露尽。"在职场中同样适用。

那么我们在职场中具体应该怎样做才能避开雷区呢?

(1) 初入职场,首先要熟悉环境

每个企业都有自己独特的环境,作为新员工,先不要急着表现自己,可以先熟悉企业的环境氛围和同事群体,了解运营操作流程,为接下来的工作做好准备。

(2) 少说话,多观察

职场里暗流涌动,言多必失,所以,在工作中应尽量少谈与工作无关的事，而应该把更多精力放在专业知识的学习和人际关系的培养上。对于身边的人和事，要多观察，少发表意见。要懂得内敛和含蓄。

（3）处理好人际关系

很多锋芒毕露的人，一味地表现自己，而忽视了他人的感受，甚至抢了别人的风头，这样很容易招致怨恨。所以，在处理和同事的关系上，不要凡事以自我为中心，要学会为他人着想。良好的人际关系，可以让你在工作中获得更多的帮助和指导，减少阻力，甚至在获得成绩时也会得到别人由衷的赞美。而锋芒毕露所取得的成绩，很可能让人"貌恭而心不服"。

（4）学会韬光养晦

聪明的人知道过分张扬自己，锋芒毕露，容易遭到他人的忌妒、打击甚至报复，会给自己带来不必要的麻烦，所以他们总是含而不露地表现自己的能力，既得到了上司的认可，又获得了同事的支持。而有的人却不以为然，一味地在上司面前展露才能，争功邀赏，毫不顾忌同事的感受。往往会在同事面前成为众矢之的。不但使自己晋级加薪困难，还容易导致上司心有顾虑。其实，在任何地方，锋芒毕露的人都会让人感觉不舒服，在职场上更是如此。

（5）适当随波逐流

我们常说随波逐流是个贬义词，当你在职场里，要学会适当随波逐流。不要把自己表现得与众不同，特立独行。所谓"水至清则无鱼，人至察则无徒"，太与人不同，别人就会疏远你。

（6）学会分享荣誉

当你取得成功时，不要忘了和他人一起分享你的荣誉。成功不是靠单枪匹马得来的，让别人分享你的荣誉，别人也会反过来恭恭敬敬地维护你支持你，让你取得更大成功。不妨在撰写或口头报告团队成绩时，用"我们"来取代"我"，这样既让人感觉你的谦虚，又使团队的每个人都有面子。

无论在什么地方,锋芒毕露者都不容易受到重用,因为这类人容易居功自傲,目中无人,很难与同事精诚合作。试想,一个难以与同事搞好关系的人怎么能给企业带来业绩,即使你能力再强,也是独木难支,最终会被上司辞退。所以,在职场中过分表现自己也是一种错。

排雷日记

人在职场,才华不可不露,但不要全露。才华不露,就不能得到上司的器重和同事的认可,就会被淘汰出局;才华过露,事事与人争先,与人剑拔弩张,就会导致人际关系紧张,不利于个人职业的发展。

所以,如果你想让你的职场之路,越走越顺畅、越走越如意,就必须学会一点韬光养晦,适时展露,还要学会与同事同甘苦,共患难。这样就不会踏入职场的雷区了。

默默无闻、埋头苦干,就一定能成功吗

职场中常常遇到这样的情况:有的人默默无闻,埋头苦干,甚至瞒着他人加班加点,却始终得不到上司的青睐,与加薪升职无缘;为什么和别人做的是同样的工作,或共同完成了一项工作,但上司却偏向于赞赏别人,而自己却只能当一个配角,真是满肚子的苦水不知向谁诉说。

这样的情况并不少见,这类人不是忽略工作,相反,他们很重视工作,希望通过自己的努力把工作做好,但他们找不到恰当的表现时机,不懂得怎样包装自己,想要叩开成功之门,却屡屡被拒之门外。

小李和小张同为某大型电子公司技术部的职员。一次,上司要求他

们一起进行新产品的调试和改进工作。工作最初进行得比较顺利，相关数据都比较符合标准，测试结果也很正常。但是，过了几天，两人通过测试发现新产品的性能不够稳定。为了解决这个问题，两人加班加点，尝试了很多方案，甚至向别人借鉴思路。正当研究陷入僵局的时候，小李提出了一个新的方案，顺利解决了问题，达到了理想效果。

经过两人近3个月的艰苦"奋战"，二人非常出色地完成了这项工作。技术部对两人的工作十分满意，并为他们开了一个小小的庆功会。

回到办公室，小李又继续埋头苦干，研究新的难题。而小张花了一个小时的时间做了一份工作报告，认真总结了这次测试的经验教训，以及自己的收获，并提出了要把经验和其他部门一起分享。做完后，他把这份报告发给了经理。

经理在收到这份报告后十分高兴，并把它以邮寄的形式抄送给了技术部的其他下属以及平行的各部门经理，他为能拥有像小张这样技术本领强，又善于总结的下属感到高兴。

从此之后，技术部经理更为器重小张，不久便提拔他为技术部副经理，并多次向公司高层夸奖他。小张的晋升之路越走越好，而小李却还在原地踏步，默默无闻地进行研究。

看看上面的事例，不少人觉得不公平。在测试过程中，小李和小张付出了同样的努力，甚至在研究陷入僵局的时候，还是小李的方案破解了难题，应该说，小李的功劳更大些。为什么小张得到了晋升，而小李却原地踏步呢？

其实，最大的问题还是在于小李，他只知道埋头工作，忽视了和上司的沟通，也就错过了向上司表现的机会，虽然他在测试过程中，付出了和小张同等的努力，甚至在关键环节起了重要作用，但是他不说，别人怎么会知道呢？难道还希望小张为他表功？在职场中，每个人既是合

职场雷区——冷静应战，洞悉职场潜规则

作伙伴，又是竞争对手，没有人愿意被别人比下去。所以，很多时候需要自己主动表功，而不是寄希望于别人来为自己表功。

反观小张，也许他在专业知识方面稍逊于小李，但他懂得总结和学习，也懂得怎样向上司表现自己，甚至为公司增光添彩，这样的下属，哪个上司不喜欢呢？当然会受到器重。

某国际大公司有句名言："假如你有智慧，请贡献智慧；假如你没有智慧，请贡献努力；假如这两样你都不具备，请你离开公司。"这句话很好地诠释了公司对三种不同职员的偏爱态度。显然，公司里更需要的是有智慧的人，退而求其次，才是需要努力的人。像小李那样的就属于第二种人，他们是职场的"老黄牛"，终日勤勤恳恳，任劳任怨，但却不是公司最喜欢的。

可见一味地埋头苦干，不知道怎样表现自己是职场的雷区，它不利于我们的职业发展，那么，在职场中应该怎样做才能避开雷区呢？

（1）改变观念，树立表现意识

在现代社会，光会做事，不会说话，是很难有发展前途的。尤其在职场里，你只知道默默无闻地工作，但是你不把自己的想法和贡献说出来，谁又知道你做了什么呢？上司工作繁忙，难道还会天天盯着你，看你做了些什么？不可能。不要再抱着"是金子就会发光"的天真想法，那只是自我安慰罢了，要学会恰当表现自己，给自己一个舞台。

一个人的发展过程，包括建构自己和表现自己两个过程。建构自己，就是努力提高自身素质；表现自己，就是获取他人和社会的认可。所以说，表现自己，并不是什么可耻的事，它是实现个人价值所必需的。

"再好吃的蛋糕没有美丽的装潢也很难有人去光顾"，记住，当你圆满完成一件工作时，要记得向上司、向同事报告，要让别人看到你的成绩。

· 53 ·

(2) 适时沟通，建立良好关系

职场中的"老黄牛"往往只知道埋头苦干，而忽视了与同事、上司之间的交流，这样其实是很危险的，很容易将自己孤立起来，让自己的工作举步维艰。马克思说，人的本质是社会性的。人是社会的产物，自然需要与人沟通交流。当今社会人脉是职业发展必不可少的一项资源，如果能在职场中建立良好的人脉关系，无疑对你的职业是很有帮助的。

所以，要学会与他人沟通，建立良好的关系。试着融入同事中去，倾听他们的喜怒哀乐；试着适时向上司报告你的工作进展和工作业绩。让他们知道你在做什么。要知道，上司宁愿你向他请教问题，哪怕是工作中的一些小问题，也不愿看见下属终日埋头苦干，不同他交流。

(3) 把握火候，自然表现

虽然，我们需要表现自我，但必须掌握好尺度，过分张扬和虚假会适得其反。如果你的表现欲太强，过分张扬，不给他人表现的机会，那只会招致别人的不满、嫉恨。而且过分地张扬会给人弄虚作假的感觉，觉得你好大喜功，不坦诚，不踏实。所以，要注意把握表现的尺度，学会给别人留面子。给别人一个发言的机会，适当赞美别人都会给人很好的感觉。

职场中还有一些人，很喜欢在上司面前表现自己，而私底下却是另一副模样，比如，有的人在上司面前很勤奋踏实，私下却偷懒耍滑。这种虚假的表现，就像"纸里包不住火"，总有一天会被揭穿的。那时，自己的表演也就结束了。

在职场中，过分表现自己是一种错，不懂得如何表现自己也是一种错。默默无闻、埋头苦干的精神虽然值得赞扬，但在竞争激烈的职场中发展不一定能获得成功。

职场雷区——冷静应战,洞悉职场潜规则

排雷日记

以埋头苦干、默默无闻的态度来对待工作,其实也没什么错。以这种态度来对待工作的人,一般不会犯什么错,也不大会受到上司的批评,当然也不大会受到上司的赞美。如果你渴望在职场大有作为,那就要尝试适当地表现自己。如果没人知道你是谁,没人知道你的本事,那你永远也无法成功,永远也得不到上司的垂青。职场胜似战场,充满着激烈竞争,埋头做事,默默无闻,本也是无可厚非的,但要想迅速得到上司的青睐,迅速实现自己的职业梦想,单靠苦干是远远不行的,更重要的是要学会包装自己、展现自己。

不要让自己成为"透明人"

在生活中,坦诚是一种美德。所谓"君子坦荡荡,小人长戚戚",我们总喜欢和真诚的人交往,而真诚也会赢得别人的喜爱和尊重。然而,在"职场如战场"的工作中我们也需要事事坦诚吗?

在职场中,每个人都有自己的职业规划,都渴望有一番作为,但有的时候却与公司甚至同事的利益相冲突。聪明的人必须懂得严守自己的职业规划,绝不轻易向他人吐露自己的心声。

李猛性格开朗活泼,喜欢结交朋友,经常和朋友无话不谈。

大学毕业后,李猛进入了一家销售公司,由于他交友广泛,乐于助人,虽进入公司不久,却把工作做得有声有色,深得上司的赏识和器重。

一年后,部门里来了一个新人,叫何平。性格开朗的李猛很快和他打成了一片，通过交流，原来两人不仅是同乡，还有很多共同的爱好，两人渐渐成了无话不谈的"知己"。

何平总是"师兄"长"师兄"短地叫着，常向李猛请教一些关于工作和职场上的问题，李猛也乐于为师，将自己的经验和想法毫无保留地告诉了何平，并经常告诫何平什么该做，什么不该做，俨然一个大哥形象。

两人经常在一起合作，遇到问题也一起讨论，且工作干劲十足。他们的精诚合作为公司创造了突出的业绩，品牌形象也不断提升。

由于工作成绩突出，他们二人都受到了上司的重视和好评。年终，公司决定开一个社会公益活动，借此提升公司的知名度和信誉度，而这个任务就交给了他们俩全权负责。

两人十分兴奋，决心把这个活动办得红红火火，于是，他们一起策划，一起讨论，经常工作到凌晨才回家。

项目眼看就要完成了，两人觉得胜券在握。一天晚上，他们工作到深夜1点，加班结束时，何平提议找个小吃店，吃点夜宵。李猛高兴地答应了。

两人来到了一家馄饨店，一坐下便滔滔不绝地聊了起来，无意中，李猛聊起了自己对未来的打算，毫无戒心地向自己的好兄弟敞开了心扉："我想先工作几年，积累些经验，等攒够了钱就自己开公司，我可不想一辈子给人打工，你说呢？"何平点头称赞。

这次无意中的谈话，李猛根本没放在心上，但是渐渐地，他发现上司好像疏远了他，反而更器重他的师弟了。李猛怎么也想不通，终于有一次忍不住向上司说出了自己的意见。上司并没有多说什么，只是表示公司更愿意培养和锻炼那些愿意长期为公司服务的员工。

李猛当然明白这话的意思，显然上司已经知道了自己想独立开公司的想法，自己的忠诚度受到了怀疑，而他怎么也不愿相信告密的竟是自己一直视为知己的"师弟"。他也终于明白是自己的一味坦诚给了他人排挤自己的借口。

不久，心灰意冷的李猛离开了公司。

看了这个事例，也许有人会说，何平太阴险；也许有人会说李猛的上司度量太小，但不管怎么说，李猛也有自己应该反省的地方。开朗真诚，喜欢结交朋友固然没错，但如果这个"朋友"是工作上的伙伴、同事，那就要注意把握分寸了，要知道真诚是有限度的，真诚绝不意味向他人暴露自己内心世界的一切，如果自己的内心被人一览无余，成了"透明人"，就会逐步踏入职场的雷区。

工作上类似这样的"雷区"还很多，一定不要掉以轻心。

（1）不要随便把公文借给别人看

同事之间的关系，在很大程度上是相互合作，相互搭配，却又相互竞争，相互排斥的。尤其在竞争激烈的职场环境中，每个人都希望大显身手，寻求自身发展的机会，并被上司赏识。这势必会带来激烈的竞争，让同事之间的关系既有合作的联系又有竞争的冲突。达尔文的"适者生存"原则告诉我们要以斗争求生存，以竞争求发展，这是自然之理。虽然竞争有时会带给人情感与理智的迷惘，甚至人际关系的紧张，但在职场中竞争总是难免的。给人看公文，看起来是一件小事，但这件小事或许是一个巨大的隐患。因为公文里的一些重要信息很可能被人窃取，据为己用。就算同事要求看你的公文时，你也应该找个合适的借口回绝他（她），可以对他（她）说这是公司的机密，要做好保密工作，或者说这是需要上司亲自审阅的文件，不能随便给人看。反正要有礼有节地回绝他（她），既不要泄露了自己的秘密，又不要伤了同事之间的感情。

（2）维持8小时友谊

与同事相处要拿捏好"距离"，太远了让人感觉你孤僻不合群，不利于搞好人际关系；太近了容易让上司误解，认定你在搞小圈子，不利于个人的发展，何况同事之间充满着竞争，太亲密的关系容易让人失去警惕和戒心，最终陷自己于失败的境地。所以，只有不远不近的同事关系才是最理想的。具体来说，在职场中只需要保持8小时的友谊就够了，在工作中大家可以互相帮助，精诚合作，但在工作之外最好不要闯进别人的私生活，留给彼此一点自由的空间。

（3）保护好个人隐私

职场里面临着各种竞争和压力，常常让人心生烦闷，备感疲惫，急于倾诉。有时这种倾诉是为了得到别人的帮助，有时纯粹是为了向人敞开心扉就满足了。找人倾诉衷肠是每个人的需要，但并不是所有人都适合成为倾诉的对象。职场不是谈论私事的场所，同事也不一定是你倾诉的好对象。职场是一个竞技场，每个人都可能成为你的竞争对手，就算是曾经的好搭档也可能对你"倒戈相向"，如果你的私事过多地向他人吐露，他知道得越多，你就越危险，因为他随时可以拿你的倾诉来做文章，让你在公司难以立足。所以，在职场中"防人之心不可无"，一定要守住自己的隐私。

每个人都有自己的秘密，这是正常的，也是无可厚非的。很多时候，我们都想对别人讲自己的秘密，但袒露自己的秘密有时就等于出卖了自己。在职场，防人之心不可无，不要把自己的私事和秘密随便告诉人，不要把自己变成了"透明人"。因为这样，很可能给人落下话柄，成为攻击你的武器。

排雷日记

在职场中，尤其同事间相处，要注意把握尺度。工作上的愉快合作，不代表内心的心有灵犀，所谓"知人知面不知心"。不要奢望别人会守口如瓶，因为让别人守住秘密远比自己守住秘密难得多。因此，不要轻易向他人分享自己的秘密,要学会克制自己,守住自己的秘密,这样才能在激烈的职场中立于不败之地。

小事上,尽量不得罪"小人物"

大多数人都认为,在公司里只要努力干好本职工作,取得好的成绩,就能赢得领导的赏识和欢心,加薪升职自然指日可待了。于是,对那些一般的职员,则没有给予应有的尊重和重视,认为得到他们的协助是理所应当的,所以平日里对他们指手画脚,颐指气使;急躁起来甚至会对他们拍桌瞪眼,出言不逊。这是一个非常严重的职场雷区。

事实上,有些职员的职位虽然不高,权力也不怎么大,可能跟你也没什么直接的工作关系,但是,他们所处的地位却非常重要,他们的影响无处不在。他们的资历比你高,办公室的风浪经历比你多,要在你身上找点毛病、失误,甚至"教训"你一下,实在是易如反掌。

余敏是个爱憎分明的人,喜欢和那些踏踏实实工作的人在一起,而对那些整天在办公室喝茶闲聊的同事十分厌恶:这些人除了白拿工资外,还能做什么?

让余敏奇怪的是,为什么这些人每次人事变动都能稳坐钓鱼台。有一次,他终于"明白"了。

那天,一向迟到的小美破天荒地早到了,手里还提着一包东西,一进公司就跑去了王总办公室。门虚掩着,里面不时传出笑声。

"准是送礼去了,真是个马屁精。"余敏气愤地说。

余敏非常讨厌像小美这样靠拍马屁来巴结上司的人。所以,她经常有意无意地在小美面前说起送礼的事。"哎,这世上什么人都有,有的靠真本事吃饭，有的靠关系吃饭，而有的人却靠送礼拍马屁吃饭。"

小美当然知道余敏在暗讽自己，但从来不发表意见。

一次，王总要和一个大客户谈判，忙得不可开交，作为秘书的余敏也不清闲，堆积如山的客户资料等着她处理。

这些资料中，有一些非常重要，关系着公司与客户谈判的成败问题。这天中午，余敏还在忙着处理资料，连吃饭的时间也没有。

此时，小美过来了："你去吃饭吧，我来帮你先处理。"平时对小美十分不满的余敏感动地答应了。

后来在谈判的时候，公司的谈判人员在宣读一组重要数据的时候，被客户听出了其中的错误。

客户问："300万怎么变成了3000万，你们想浑水摸鱼啊？"

王总忙着解释道："对不起，是我们的疏忽。"

客户说："贵公司也未免太疏忽了吧，这么重要的数据也会出错。"

为了和客户继续谈判，王总被迫作出了一些让步。虽然后来谈判成功了，但王总满肚子是火，回公司就把余敏狠狠批评了一顿，还罚了她一个月的工资。"如果不是小美给你求情，我会开除你的。"

多出个零是怎么回事？余敏完全明白了，一定是小美。正当她想去找小美理论的时候，小美急匆匆地跑过来："你没事吧，那件事我知道了，我赶紧让我哥给王总打了个电话。你知道我哥和王总是大学同学，而且还是很要好的朋友。上次我送给王总的东西就是我哥让我捎给王总的。"

余敏听了之后，只得装着什么也不知道，还连声说谢。她这时才明白，眼前的这个"小人物"是得罪不起的。

余敏的事告诉我们不要看不起职场里的"小人物"，因为他们能在公司立足必然有其不同寻常的生存法则。小美靠她哥哥的关系，和王总

职场雷区——冷静应战，洞悉职场潜规则

走得很近，王总鉴于她哥哥的脸面，自然对小美也礼让三分。可是余敏没有搞清楚这层关系，总是和小美过不去。最终导致了他被上司狠狠批评的结果。当然不是说，小美的做法是正确的，而是说职场里任何人都不要轻易得罪，它很可能给你带来很不利的影响，尤其是上司身边的"小人物"。

无论身处怎样的职场，你都应该明白，上司身边的"小人物"既然存在，就有他特殊的能耐，这种人我们是得罪不起的。上司是给你加薪升职的决定者，但是背后施加影响的往往是那些和上司走得很近的人。当你的成绩不能让上司看到时，那一定要让他身边的人看到，要懂得和上司身边的人交往。也许在关键时刻的美言几句，会让你的职场之路更上一层楼。

得罪"小人物"是职场的"雷区"，那么我们要怎样与"小人物"相处呢？

（1）不要不屑与"小人物"交往

身在职场，必须学会和各种人打交道，和上司身边的"小人物"打交道也是一门学问。走得太近，让人觉得是在拍马屁，套近乎；走得太远，容易疏远关系。他们虽然是"小人物"，但作用并不小，忽视了他们对自己是不利的，还是要保持一定的关系。

（2）说话要有分寸

上司身边的"小人物"有不少是心机比较重的人，和他们交往，要注意说话的分寸，多留几个心眼，千万不要说一些伤人的话，更不要指望他们会"宰相肚里能撑船"，也许就因为你的一句带刺的话，让他在背后给你暗放冷箭，让你猝不及防。所以，和他们聊天，最好少谈个人问题，工作问题适可而止，可以多谈些工作之外的事，借此拉近关系。

不仅是上司身边的"人小物"得罪不起，职场中还有一些"小人

物"，我们也必须给予足够重视。

（3）管财务的"小人物"

如果你以为财务部门只是做做财务报表，开开单据的，那你就大错特错了，在以数字化生存的时代里，财务部门的统计数据，决定着你的预算大小和业绩优劣，财务人员已经从传统的配角逐渐走入参与决策的权力核心。

（4）管人事的"小人物"

不要以为老板不在你就可以为所欲为了，还有一双眼睛在盯着你，那就是管人事的。你进入公司要靠他们，求得生存也靠他们，加薪升职还是要靠他们，因为他们无处不在，偶尔迟到、早退也许不算什么，但是只要他们想"参你一本"，随时随地都可以揪你的小辫子。

（5）管电脑的"小人物"

在信息时代里，信息就是公司的资本和生命，电脑管理员不仅管理全公司的电脑系统，而且还掌握着公司最机密的资料，当然包括你的一切秘密。所以，不要轻视他们。

（6）管总务的"小人物"

表面看来，他们显得无足轻重，但你却一步都离不开他们，小到一张纸，大到办公设备，如果没有他们的配合你能工作吗？所以，要和他们搞好关系，你一定有用得着他们的地方。

（7）其他部门的共事伙伴

一项工作如果没有其他部门的配合，你能独立完成吗？不能。职场里讲究的是团体协作，一个人单干是不可能成功的。所以，要处理好与其他部门同事的关系，这样，会让你的工作顺利进行。

要想在职场中如鱼得水，就必须处理好各种关系，不要总是把目光放在上司和同事上，一些看似与你无关的"小人物"有时也能发挥大作用，所以，不要轻视职场中的"小人物"。

职场雷区——冷静应战,洞悉职场潜规则

排雷日记

良好的人际关系是每个职场人成功的关键。不要小看那些平日不起眼的所谓"小人物",他们的潜能会让你大吃一惊,甚至影响到你的业绩和升迁。所以,我们要学会正确处理和他们的关系,不要陷入职场的雷区。

不要忽视职场细节

细节是平凡的、简单的,如一句话、一个微笑、一次握手……细节很小,容易被人忽视,但它的影响却是不可估量的。对个人来说,细节决定着成败;对企业来说,细节代表着形象;对国家来说,细节体现着素质。

确实如此,古人说"一屋不扫,何以扫天下",任何一个干大事的人都是从小事做起的。职场中也有很多细节,如果我们不注意,就会陷入雷区。

刘涛是某市一所名牌大学的学生,毕业后顺利地找到了一家自己中意的公司上班,活泼开朗的他很快和同事们打成了一片,也颇受上司好评。

但刘涛也有缺点,就是将生活中的散漫习惯带进了工作中,把公司的制度看成是小事,工作上很上心,也很用力,成绩也不错,可就是经常迟到早退,不时还找个理由请假,在一些生活细节上也不太注意,说话口无遮拦。

有的同事提醒他,他却不以为然,认为那些都是小事,大男人不拘小节，只要抓好大的方面，努力工作就行了。类似迟到、早退、缺乏礼貌等小事根本不值一提。

办公室的电话在某位同事的桌上，一般电话都由他接。可是，刘涛来了以后，常常趁老板不在的时候打电话和人聊天，而且一打起来就说个没完没了，严重影响了同事们的工作。

一天，老板陪一个客户去打高尔夫球，恰好有另一个大客户找他，老板的手机没人接，这位大客户便把电话打到了办公室，可是办公室的电话一直占线。

无奈，这位大客户只好放弃了这笔生意。

事后，老板知道了这件事很生气，毅然辞退了刘涛。

可以说，刘涛的故事并非个案，有不少人，尤其是进入职场不久的人往往不注意细节问题，甚至对一些细节采取漠然置之的态度。他们的理由似乎很有理，只要能做出成绩，偶尔违反考勤制度，打个私人电话显得无足轻重。

这种想法是不正确的。所谓"无规矩不成方圆"，一些小事恰恰是职场规则、企业制度的反映，是一个人职业形象的展示。忽视了他们，就会扰乱企业秩序，破坏企业形象。在上司或老板看来，一些不经意的细节往往能体现一个人真正的素质和实力。对待小事以及细节的处理反映了一个人处理问题的态度。

成功者往往积极面对，脚踏实地，无论什么工作都尽心尽力，在他们眼里小事不小；而失败者总是自由散漫，马马虎虎，在他们眼里小事不值一提，而他们没想到的是正是这些小事出卖了他们。

许多人渴望自己能在职场上一路顺风，也希望有一天能大展宏图，所以总把眼睛盯在了一些大事上，而忽略了身边的小事。工作中没有小事，就是一些看来微不足道的事也能影响事情的结果。那么，职场中还有哪些需要注意的细节呢？

（1）你会拨打或接听电话吗

在职场中，常常需要接打电话，接打电话应该注意些什么问题呢？接电话时，不要让铃响的次数超过三次，如果超过了，先给人道歉。如果是比较重要的事或是替别人接电话，一定要做好电话记录，记录应包括以下几项内容：什么时间（接电话的时间）、由谁打来、打给谁、电话的内容等。如果是外线电话，拿起话筒后，你第一步应该自报家门："您好，这里是公司"，把自己所在的公司、部门以及自己的姓名告诉对方。

拨打电话时，首先要想好自己说什么，说话节奏不能太快，也不用太慢，吐字必须清晰。要有条理性，必要时列个提纲。如果接电话那边不是你要找的人，你可以说："麻烦您帮我接一下。"如果你要找的人不在，需要接电话的人传话时，须征求他（她）的意见，不要叽里呱啦说个不停。

（2）办公桌是一面镜子

你注意你的办公桌了吗？它是否堆积如山，杂乱不堪呢？如果是这样，你应该抽点时间来整理一下了。

职场中人都应该具备一些文档方面的基本知识。作为部门公用的文件资料当然由专门的人管理，但作为个人的文件资料则应该分门别类，有理有序地妥善保管。以便要用的时候能很快找到，不至于耽误时间，降低工作效率。

（3）细小的规章制度你注意了吗

每个企业都有自己的一套规章制度，也许你不是很理解，但你必须遵守。小马进入一家外企不久，这天下午有点困，于是她用纸杯为自己冲了一杯咖啡，正好被部门经理看见了，批评了她一顿。"不就是个纸杯嘛"，她心里不服。

的确，一个纸杯不算什么，特别是对于那些财大气粗的大公司，只是九牛一毛。可这不是价值问题，而是规则问题。既然选择了游戏，就必须遵守游戏规则。每个职场人应该懂得这一点。

（4）不要把情绪带进办公室

办公室是上班的地方，无论是你的上司还是同事，他们都有自己的事要做，都承受着一定压力，或许正被手上的工作搞得头昏脑涨。在这种情况下，你把情绪带进办公室，能让他们感到更加烦躁。他们会想：你连生活中的一些小事都处理不好，还怎么能胜任工作？

也许某个好心的同事会安慰你几句，但不要奢求他们会花很多的时间，因为他们不能为了你耽误工作。至于上司，他们一般只会关心你的成绩，而不是你的情绪。所以，在职场中要学会把公私分开，不能为了自己的私事而误了公事。

（5）E-mail 使用的潜规则

几乎每个职场人都会使用 E-mail，但未必每个人都会正确使用，因为这里面大有玄机。E-mail 有个重要特征是"留案底"，这一强大特征让 E-mail 容易变成流言飞语滋生地。假如你对某同事有意见、对老板有看法，用嘴巴说说痛快一下就算了，千万不要发 E-mail，如果让别有用心的人转发给了当事人，或复制下来贴在 MSN 上，你就麻烦了。

收件者根本就是故意说没收到，怎么办？不要忘了在发 E-mail 时给自己做个备份。同样，其他人发给你的工作 E-mail 也要保留一段时间再考虑永久删除，以备发生问题时"对质"。

当需要把文件传达给其他人时，除了保证每位同事收到外，别忘了给主管上级、老板那里也抄送一份，也许他们根本没有时间看，但这种"请功邀赏"的行为不可缺少。尤其是你想表扬你的下属或团队的时候，这种抄送比表扬本身还重要。

职场雷区——冷静应战,洞悉职场潜规则

排雷日记

忽视细节是职场的雷区。工作中大事需要审时度势,小事同样不能忽视。细节决定成败,如果对细节把握不到位,甚至可能会因某一个细节的疏忽而带来不堪设想的后果。将职场中的大事做到位,将工作中的小事做完善。你就必然会得到上司的赏识,个人的发展也会前途无量。

切忌当众冒犯上司

老板之所以能成为老板,上司之所以能成为上司,一定有其过人之处。在心理上,面对下属,自然有一种居高临下的成就感和优越感,有一种在任何场合下都想成为主角和胜利者的欲望。

一旦这种成就感和优越感受到威胁和挑衅,上司很容易产生不满,心存芥蒂。尤其是对于那些权力欲望比较强的上司,在他们眼里尊严是不容冒犯的。一旦冒犯,他们就会对挑衅者充满敌意,阻碍挑战者的发展。

小王在一家模具公司做部门经理,因为技术精湛,常常有点傲气。这天下午,公司要求模具部门对工模进行盘点,作为主要负责人的小王对盘点事项做了详细的安排,大家在闷热的车间里忙忙碌碌,有条不紊地进行着各项工作。

这时候小王的上司过来了,看了他们工作步骤后断然说:"停下来,停下来!"然后又指点应该如何如何,小王起初还心平气和地给上司解释他的方法是怎样怎样的,并说这是他多年积累的经验,并且大家都已熟悉了这种方法,工作进展得很好。可上司还是坚持自己的意见。

"你的指示虽好，但用于模具盘点不合适。"小王有点急了。上司立即阴沉了脸，非常冷静地命令他："我说怎么做就怎么做。"

小王觉得上司太霸道，于是据理力争，接下来难以自控地与他发生了激烈的争吵，双方都暴跳如雷。同事们一时不知怎么是好，怎么劝也没有用。

"既然你那么坚持，那你就让他们按你说的去做吧，我不做行不行"，说完小王就离开了车间。

事后，小王觉得有些后悔，当时只是一时生气，没有考虑事情的后果，但好在平时和上司关系还不错，回头道个歉就好了。但实际上小王的顶撞已经严重伤害了上司的尊严和面子，虽然道了歉，但还是弥补不了上司的创伤。

这件事后，小王和上司的关系急转直下，虽然上司没有有意刁难小王，但他明显感觉个人的发展受到了限制，于是自动请辞了。

在职场里，当众顶撞上司是大忌。不少人认为自己有理，就一定要据理力争，分出个对错。认为这是为了公司好，上司会理解的。但上司是不是如你想的那样呢？

一般来说，上司都有他们的过人之处，在潜意识里有着某种自信心和优越感，同时也有着强烈的尊严感。在下达指示或命令时，都乐于见到下属认真去执行，使工作朝着自己预想的方向发展，而不愿见到下属违背自己的意愿，自以为是，并认为那是对自己权威的挑战。

有的人认为平时和上司私交不错，就算顶撞了上司，他也会原谅的，但事实并非如此。如果是私下的争吵，那还有可能原谅，如果是在众人面前让上司难堪，那就很难说了。

就像事例中的小王，虽然和上司平时关系不错，但他在众人面前让上司下不来台，可以说是严重伤害了上司的尊严。事后，他虽然道了歉，但仍消除不了上司对他的芥蒂，所以他只好辞职了。

冒犯上司是职场的雷区，那么要怎样才能避开雷区呢？

（1）学会换位思考

作为下属，不要总是站在上司的对立面，要学会为上司着想。下属顶撞上司，往往言辞偏激、尖锐，甚至说出了很多不理智、过火的话，严重冒犯了上司的尊严，很容易激起上司的反感和厌恶，甚至恼羞成怒。所以，当你和上司发生争执时，不要只顾着滔滔不绝，口若悬河地陈述自己的理由，而要充分顾及上司的感受。试想，假如你是上司，你的下属口无遮拦地顶撞你，你会是什么感受？明智的下属应当认识到上司才是核心，自己不过是上司的助手，不要总想着去支配上司，表达意见也应该理性地去陈述。

（2）适时规劝

上司也是人，是人就会犯错。尤其是初来乍到的上司，对公司、部门的运营不熟悉，很容易犯错。当你发现上司出错时该怎么办呢？是假装糊涂，不闻不问，或是不分场合直接给上司提出来呢，还是在恰当的时候向上司暗示或说明呢？

在职场里，上司总是处于优势地位，不愿被人当众指责。如果你犯了这一条，就踏入了职场雷区，上司对你的漠视和挑剔就会随之而来。比如，他不给你分派任务，让你终日无所事事；你犯了一点错误，他就对你上纲上线。凡此种种，让你在公司很难立足。如果对错误装作不知道，公司的损失对自己也是损失。

所以，在发现上司犯错时，不要冷眼旁观，更不要幸灾乐祸，特别要注意在公共场合，不要逞一时口快，给上司难堪。而该替他总结经验教训，适时劝谏。

（3）不要和上司抢风头

古时候功高震主是每个臣子所忌讳的。今天，在职场上，和上司争功也是每个上司忌讳的。在职场中上司总会在下属面前露出一种优越感，认为自己比下属能干。一旦这种优越感受到威胁，就会触动上司的自尊心，对你心存芥蒂了。在职场，要学会研究上司的心理，一般而言，无论在工作上还是生活细节上，上司输给了下属，或是被抢了风头都是难以接受的事实。那么有哪些地方需要注意呢？

一个聪明的职场人应当是谦虚谨慎，恪尽职守的人，而得意忘形，恃才傲物，抢尽上司风头，都是职场的忌讳，是不利于今后的职场发展的。当然，个人在职场的利益也很重要，我们要学会巧妙地展示自己的成绩，又不至于让上司难堪。

（4）在上司面前不卑不亢

不冒犯上司，并不是说就要一味盲从，一味奉承。作为下属，当然要对上司采取尊重的态度，对工作给予大力支持。但是对上司不要采取阿谀奉承的态度，靠这种方式建立的关系是基于某种利益的需求，有时会让上司感到厌恶，感觉自己被利用了，这虽然没有直接冒犯上司，却同样让上司心里不舒服。

排雷日记

上司是个人职业发展主要的一环，与个人的发展前景紧密相关，加薪、晋升等都离不开上司的赏识和推荐。与上司处理好关系是职场人重要的一个课题，每个人都要学会其中的诀窍。职场人要摆正自己的位置，在上司面前当好配角，当好助手，做到到位不越位。不要意气用事，感情用事，冒犯了上司就是进入了职场雷区，是每个职场人应尽量避免的。

三 社交雷区
——随机应变，避开交际软肋

在社会上，我们也许会看到这样的事实：一个才能平庸的人取得了成功，而一个才能超群的人却郁郁不得志。这很大程度上和他们的人际关系有关。一个懂得处世技巧的人，善于建立一个良好的人际关系网，而且善于经营这个网络。而一个不懂得处世技巧的人只知道埋头苦干，而不愿花适当的时间去发展自己的人际关系。要知道，人与人之间，感情投资比金钱投资、技术投资更稳定、更可靠，人脉资源是一笔无形的财产、潜在的财富。学会处理人际关系，适当投资，将为你的成功埋下伏笔。这就是社会交往的潜规则。

无论什么时候，人际关系都是一门永恒的学问。然而这门学问不是每个人都精通的，在社交过程中必然会有这样或那样的雷区，需要我们随机应变，才能避开交际的软肋。

赢在第一印象

有这样一个故事：一个新闻系的毕业生正急于寻找工作。一天，他到某报社对总编说："你们需要一个编辑吗？"

"不需要！"主编说。

"那么记者呢？"

"不需要！"主编说。

"那么排字工人、校对呢？"

"也不需要，我们现在什么空缺也没有了。"主编有些不耐烦了。

"那么，你们一定需要这个东西。"说着他从公文包中，拿出一块精致的小牌子，上面写着"额满，暂不雇佣"。

总编看了看牌子，微笑着点了点头，说："如果你愿意，可以到我们广告部工作。"

这个大学生通过自己制作的牌子表现了自己的幽默和乐观，给总编留下了美好的"第一印象"。于是获得了录用。

第一印象对于社交极为重要，他关系着社交的成败。一个给人第一印象差的人，一般不易建立良好的社交关系，而第一印象给人好的人，往往事半功倍，能取得良好的交际效果。所以，人们在交往过程中要重视第一印象。

那么怎样才能给人留下好的第一印象呢，这当中应注意些什么问题呢？

（1）衣着打扮遵循的原则

保持穿着整洁，给人以衣冠楚楚、庄重大方的感觉。整洁并不完全

社交雷区——随机应变，避开交际软肋

为了自己，更是尊重他人的需要，因此这是良好仪态的第一要件。切忌肮脏邋遢。

穿着要与身份、年龄相符。在社交场合，如果忽略自己的身份和年龄而着装不当，很容易引起别人对你的错误判断，或造成尴尬局面。比如成年人的着装自然以简约、成熟为基调，如果穿得和青少年一样，就会闹出笑话。

注意衣着与场合的协调。无论穿戴多么靓丽，如果不考虑场合，也会被人笑话。比如大家都穿便装，你却穿礼服就欠妥当。在正式的场合或参加仪式时，要顾及传统和习惯，尊重各国的风俗。比如去教堂或寺庙等场所，不能穿过露或过短等暴露的服装，而听音乐会或看芭蕾舞表演，则应按当地习俗着正装。

着装也要讲究时段。遵守不同时段着装的规则，对女士尤其重要。男士出席正式活动时，有一套质地优良的深色西装或中山装就可以了，而女士的着装则要随着一天时间的变化而改变。出席白天活动时，女士一般着职业正装即可，而出席晚5点到7点的鸡尾酒会则需要多加一些修饰，如换一双高跟鞋、戴上有光泽的佩饰等。出席晚7点以后的正式晚宴时，则应穿中国的传统旗袍或西方的晚礼服。

（2）主动向对方打招呼

对于陌生人来说，你先开口打招呼，则表现了你对他人的尊重和礼遇。如果再加以谦和热情的态度、真诚自信的目光，一定能叩开交际的大门，给对方留下深刻的印象。切忌自以为尊，盛气凌人，给人难以接近的感觉。

（3）注意自己的表情

见面之前，很多人往往只注意"头发乱不乱""领带正不正"等衣着打扮方面的问题，却忽略了"表情"的重要性。如果你想留给对方一个好印象，表情也很重要。出席活动前，不妨先照照镜子，检查

一下自己的面部表情是否有些紧张，如果紧张的话，可以试着对着镜子笑一笑。在社交场合下，切忌表情沮丧、行为木讷，应多用微笑和人沟通。

(4) 交谈有技巧

一般来说，你与人打了招呼后。就会寻找一些话题来说。

话题的切入口最好是寻求双方的"共同点"。一般人都有"求同"心理，往往会因为有共同的地域环境或者相似的经历而亲密地连结在一起，如同乡、校友等。如果你能找出双方的"共同点"，并以此展开话题。即使是初次见面，也会在无形中让对方产生亲切感。

也可以从对方的兴趣爱好入手。初次见面的人，如果能用心了解并利用对方的兴趣、爱好，一定能缩短双方的距离，加深对方的好感。例如，和中老年人谈健康长寿，和少妇谈孩子和减肥，和孩子谈米老鼠、唐老鸭等。即使是对自己不甚了解的人，也可以谈谈新闻、书籍等话题，这都能在短时间内使对方喜欢上你。

还可以谈对方引以为豪的事。任何人都有自觉得意的事情，但是即使再得意、再值得骄傲的事情，如果没有他人的询问，自己也不好意思主动提及。而这时，你若能适时而恰到好处地将它提出来作为话题，对方一定会欣喜万分，并敞开心扉畅所欲言。适当地给人以机会，你们的关系会更加融洽。

(5) 学会明察秋毫

每个人都希望得到别人的关注，对于关注自己的人也容易产生好感。所以我们要积极地表示出对他人的关注。当发现对方的服饰或常用物品有所变化，哪怕是极其微小的变化，只要你告诉他（她），他（她）绝对会很高兴的。越是指出对方细微的、不容易被发现的变化，越能使对方高兴。让对方感受到你的细心和关怀，你们之间的关系就会变得更为亲密。

（6）注意身姿

昂首挺胸的人给人富有活力、精气神十足的感觉。而弯腰曲背的人，常常给人害羞、胆小的感觉，让人觉得难以与之相处。因此，在会谈、面试等社交场合，必须注意挺直你的脊背，让人觉得你"精明强干"。

（7）适当"附和"对方

当我们在倾听对方说话时，不要只是一味地点头，表示赞同，或者是心不在焉，不发表任何态度。适当的"附和"才是与人交流的好方法。"附和"是表示你正在专心倾听对方说话的最简单的方式。真正用心听他人谈话时，总会发现谈话中有自己不懂的、有趣的或令人拍案叫绝的地方。如果能够将听时的感想积极地表现出来，随声附和，在谈话中加入"为什么""真是这样吗"之类的话，定能使对方的谈话兴趣倍增，乐于与你交谈。

（8）不要忽略分手的方式

心理学认为，人类的记忆或印象具有"位置分段效果差异"，也就是说，客观事物存在大脑的记忆或印象会因为产生记忆位置的不同而有深浅之分。一般来说，最有效果的位置是在开始和结束的地方。所以，在日常交际中也要注意分手时的语言和动作。一声"再见"，一个握手，或是一句提醒别人不要落下东西的话语等，都能给别人良好的印象。而有的人不注重分手的细节。比如在热情招待朋友之后，等别人刚走出去就把大门"砰"地关起，这样对人很不礼貌。同样的道理，在接受了朋友的款待后，如能将自己的感激之情用三言两语表达出来，一定会给对方留下难以忘怀的印象。

排雷日记

在人际交往中，人们历来重视第一印象，因为第一印象往往给人先入为主的作用。第一印象是一张交际的名片，第一印象是一张自我介绍

· 75 ·

信。注意日常交际细节，打造完美第一印象，将为自己在社交过程中树立良好形象走好第一步。

克服害羞心理

害羞是正常的心理现象，但如果在交往过程中总是一副害羞的样子，甚至不敢或不愿与人交往，就会影响正常的人际关系。具有害羞心理的人在交往中常表现出脸色发红、动作扭捏、说话音量小等特征，有严重害羞心理的人甚至怯于交往，对交往采取回避态度。害羞这一交往心理障碍对人的直接危害是使交往者无法表达自己的感情，常常造成交往双方的不理解或误解，使交往以失败而告终；其间接危害则是会导致交往者情绪与性格的不良变化，使人交往后产生沮丧、焦虑与孤独感，进而导致性格变得软弱、畏缩和冷漠。

伯纳德·卡尔杜其是印第安纳大学害羞研究中心的教授，他专门研究害羞心理学。有趣的是，这位大名鼎鼎的教授，在青少年的时候居然非常害羞。他说，那时虽然我有几个朋友，但是我和他们交往的时候也会害羞，总感觉有一面镜子摆在他面前，让他局促不安，不知所措。开始，对于这方面的问题，他没有重视，以为随着自己慢慢长大，就会改变。然而大学毕业后，他的问题一个接一个地出现了。因为害羞，他被很多公司拒之门外；因为害羞，他心爱的人也离他而去；因为害羞，他变得越来越封闭，越来越没有自信。

卡尔杜其说："害羞的人有时也想走出去和他人交往，但他们往往不知道从哪里下手，一和陌生人说话，就面红耳赤，吞吞吐吐。""在一个新的环境下，他们交朋友并不顺利，因为害羞总显得忸怩，如果不

三 社交雷区——随机应变,避开交际软肋

舒服,他们甚至会'逃跑'。"

那时,卡尔杜其就是这样的。可是,后来他认识到了这个问题,他开始正视自己,勇敢面对现实。最终,他战胜了自己,成功地克服了害羞心理。为了让更多害羞的人走出困境,他决心研究害羞心理,并成为了一名世界著名的害羞学大师。

良好的人际关系是在交往中形成的,而交往需要彼此的沟通。沟通是人际关系中最重要的一部分,它是人与人之间传递情感、态度、事实、信念和想法的过程,所以良好的沟通指的就是一种双向的沟通过程。而害羞的人往往不善于沟通,他们在人前总是显得拘谨,放不开,有什么话也不能及时表达出来。于是造成了交往双方的隔阂,严重阻碍了人际关系的发展。

当今社会,虽然信息技术高度发达,但是人与人之间的沟通也是必不可少的。一个不善于沟通的人,很难发展良好的人际关系,无论是对于生活还是工作都是极为不利的。害羞是人际关系的绊脚石,是社交过程中的雷区,只有克服害羞,才能打开心灵之窗,携手良好的人际关系。那么要怎样才能克服害羞心理呢?

(1) 相信自己,永远不要把自己说得一无是处

尺有所短,寸有所长。每个人都有自己的优点和缺点,要学会全面地认识自己。每个人也都有做错事的时候,但这并不表示你永远都会犯错的。也许你有缺憾,也许你曾经犯过错。但不要因此而自卑,更不要有害羞的心理。

(2) 充分了解自己的优点和缺点

"金无足赤,人无完人",不要苛求自己是完美的。而是要静下心来评价一下自己的哪个优点还没发挥,怎么去发挥,哪个缺点是可以忽略不计的,并把这种缺点改掉。这样做你就不会过分否定自己,而且你

会发现自己的优点比缺点要多，能使你集中发挥自己的优点，克服掉自己的缺点。

害羞的人常常喜欢躲在角落里，逃避他人注意。不妨多参加一些社会活动（如义工），不妨在公共场合大胆发表自己的意见。也许你是一个有思想、有见识的人，只是不敢当着大家展示而已。试着勇敢地说出来，说不定会博得喝彩呢。

与人交谈的时候，眼睛要看着对方，害羞的人往往忽略了这点，总是低着头。本来自己听得很认真，却让人误会你根本没在意他讲的话。当然，也完全没必要目不转睛瞪着对方，但至少要让对方知道你是在倾听。与人谈话的时候，声音稍稍放大一点，让对方听清你讲的是什么。别人没有应答你的话时，不要忘了再重复一遍，害羞的人常常忽略了这点。不要替自己找理由说是别人对自己的话不感兴趣，这是不自信的表现。

(3) 别人打断你的话时，要想办法继续把话说完

我们讲话时常会被打断，而害羞的人往往就戛然而止了，就好像那正是他所期望的事。其实对方对你的话很感兴趣，所以下次不要把中断谈话当作逃出人群的借口。

(4) 在实践中克服害羞心理

只要你能够平和而正确地看待自己，敢于改变自己，当然这就像改变其他行为一样，刚开始时总觉得不好意思，觉得还是回到老样子更舒服些。此时你不妨先将一切担心往好的方面想，最重要的是不要在乎那些害怕心理，慢慢地就会发现自己变成了另外一个人。往往害羞的人缺乏的不是才华和能力，他们缺乏的是勇气，而勇气的锻炼需要实际行动的鼓励。相信自己，勇敢去做，你就会变得越来越自信。

三 社交雷区——随机应变,避开交际软肋

排雷日记

害羞是社交的雷区,是成功的大忌。如果一个人连起码的社交能力都不具备,那他怎么融入社会呢?如果一个人不大胆表达自己的意见,不勇敢展示自己的才华,他又怎么能成功呢?所以从现在开始,克服害羞,勇敢面对生活,让社交不再是难以启齿的伤痛吧!

猜忌是被卑鄙的灵魂附体

一天,有个女人去见圣人。她对圣人说:"我怀疑丈夫有外遇。我们一起创业时,我很相信他。现在我们成功了,我开始不相信他了,因为我的丈夫很优秀。我该怎么办?"圣人拿起一个苹果说,你看,这是一个好苹果,但是我怀疑它里面有虫,我要把它找出来!说完,圣人拿刀一层层地削那个苹果,直到苹果削完,也没有发现一个虫子。面对着目瞪口呆的女人,圣人说:"这个苹果,就好比你的丈夫!你现在明白了吗?"

猜疑是人性的弱点之一,是分裂感情、制造不和的祸根。一个人一旦被猜疑的灵魂附体,必定处处神经过敏,事事捕风捉影,不仅对他人失去信任,对自己同样也心生疑惑,损害了原本正常的人际关系,影响个人的身心健康。实际上,猜疑的产生很多时候都是我们的心理在作怪。

从前,在乡下有一个人,他在自家的地窖中储存种子的时候,忘了将一把锄头从地窖中带出来。几天以后,他又要用锄头时,才发现自家的锄头已经丢失了。放在自己家的锄头到哪里去了呢?他在自家的门后面，桌子下面，堆柴草的房里到处找遍了，还是没有找到，他就怀疑是他邻居偷去了。到底是不是邻居偷了呢？没有证据不能乱讲。于是，他仔细地观察邻居，总觉得是邻居偷了自己的锄头，他看邻居走路的样子，觉得鬼鬼祟祟，好像是偷了锄头的人。不仅如此，甚至连邻居的神态、动作、表情也有问题，仿佛是做贼心虚。乃至说话时的声调，都像是偷了锄头一样。总之，越看越像，几乎可以肯定，就是那个邻居偷了自己家的锄头！可他又没有证据，只好天天生着闷气，对邻居不理不睬，甚至在背后骂人家。又过了几天，这个人又要到地窖去储存物品了。当他打开地窖门，下到地窖里的时候，发现自家那把不见了好多天的锄头正躺在自家地窖里的地面上。到了第二天，这个人再看邻居的时候，发现邻居的一举一动、一言一行，就连笑的神态，一点儿也不像是偷锄头的样子了。

猜忌就是这样，当我们猜忌别人的时候，总会想当然地认为别人是怎么怎么样，会怎么怎么样，从而被假设迷失了本心，变得疑神疑鬼。事例中的人就是这样。

生活中常常有一些猜疑心很重的人，他们整天心事重重，喜欢无中生有，怀疑这个不可信、那个不可交。见到几个人背着他讲话，就会认定是在讲他的坏话；别人有时对他态度冷淡一些，又觉得别人对自己有什么看法等。他们总是怀疑别人在背后说自己坏话，或给自己使坏。喜欢猜疑的人格外注意留心外界的变化和别人对自己的态度，别人随口说出的一句话他可能会琢磨半天，并努力发掘其中的"潜台词"。这样的人，是不能轻松自然地与人交往的，久而久之会弄得自己心情压抑，也会影响到人际关系。

喜欢猜忌的人即使心有疑惑，也不愿公开，更不愿交心，他们整天庸人自扰、郁郁寡欢。由于自我封闭，阻隔了外界信息的输入，压抑了

二 社交雷区——随机应变，避开交际软肋

自我真情的流露，便由怀疑别人甚至发展到怀疑自己，怀疑自己的能力，怀疑自己的心态，从而逐渐失去信心，变得自卑、怯懦、消极、被动。

王新是校乒乓球的主力，眼看比赛要开始了，他正抓紧备战，而且满怀信心。可有一天，教练对他说："小王，这次比赛你就不要参加了，让你的师弟们去就行了，他们需要锻炼锻炼。而且，这次对方也没有派主力。你也正好休息一次。"

这本是教练的战术安排，可是王新不理解，他认为是教练看不起他，才不让他上场的。于是，整天闷闷不乐。在比赛前的一天，教练让王新和师弟们切磋切磋，营造实战气氛，可是王新不在状态，在连输几盘后，他甚至怀疑自己的能力，以为自己真的不如师弟们了，怪不得教练换了自己。事后，师弟们开玩笑说："师兄你今天怎么不行了啊，连输那么多盘？"

这本来是句开玩笑的话，可王新认为是师弟们在嘲笑自己，于是更加地自暴自弃了。

到了下一次比赛，教练本打算让王新上场的，但看他状态不佳，就没叫他参加比赛。王新陷入了深深的痛苦中。

王新的失落，不是被对手打败，而是被猜忌打败了。猜疑是心态的雷区，它让人与人之间的交往变得陌生，变得遥远，是社交过程中的大忌。猜疑的人通常过于敏感。敏感并不一定是缺点，对事物敏感的人往往很有灵气，有创造力，但如果过于敏感，特别是与人交往时过于敏感，就需要想办法加以控制了。具体可采用以下几种方法。

（1）用理智克制冲动

当发现自己对别人产生怀疑时，应当立即寻找产生怀疑的原因，在没有形成定论之前，分析正反两个方面的信息。如上面例子中的那个农

夫，如果锄头不见后冷静想一想：锄头会不会是自己挖地时忘了带回家？或者是在路上休憩时落下了？那么，这个险些影响他同邻居关系的猜疑，或许根本就不会产生。现实生活中的许多猜疑，戳穿了是很可笑的，但在戳穿之前，猜疑者往往被表面现象所蒙蔽，被感性思维所主宰，觉得一切都顺理成章。其实，冷静思考就会发现漏洞百出。

（2）培养自信心

每个人都应当看到自己的优势，培养起自信心，相信自己能把事情做好，能把周围的关系处理好，会给别人留下良好的印象。这样，当我们满怀信心地生活和工作时，就不用担心自己做不好，也不会随便怀疑别人是否会挑剔、难为自己了。

（3）学会自我安慰

一个人在生活中，难免会遭到别人的怀疑和非议，这没有什么大惊小怪的。如果别人对自己产生了怀疑，能解释的则向别人做好解释，如果解释无济于事，则安慰自己只要一切无愧于心就行了；如果为别人的议论纷纷、闲言碎语所纠缠、所恼怒，不仅影响心情，还会影响了正常的工作和生活，得不偿失。这样的"精神胜利法"，或许会让你解脱自己，快乐生活。

（4）及时沟通，解除疑惑

世界上没有不被误会的人，一个人被误会也是在所难免的。关键是我们要有消除误会的能力与办法，如果误会得不到尽快解除，就会发展为猜疑，猜疑不能及时解除，就可能导致冲突。生疑之后，我们不妨先冷静思索一下事情的来龙去脉，力求找到问题的症结。如果冷静思索后疑惑依然存在，那就最好同你"怀疑"的对象开诚布公地谈一谈，以便弄清事情的原委，解除不必要的误会。

二 社交雷区——随机应变，避开交际软肋

排雷日记

猜忌能让朋友反目，猜忌能让夫妻分离，猜忌能让骨肉相残。在社交过程中，需要的是开诚布公，坦诚相待，而不是疑神疑鬼，猜忌彼此。古往今来，有多少因猜忌而自毁前程的例子，时时在警醒着我们。猜忌是被卑微的灵魂附体，只有在阳光下才能驱散它的阴影。当猜忌来临之时，只要能敞开心扉，及时沟通，就一定能化解误会和矛盾，构建良好的人际关系。

收起自己的优越感，不要高高在上

人往往会产生优越感，因为人总会拥有某种优势，某种能力，某种创造，某种成就，使他自我感觉优于别人、越过别人。这其实是很普通的事。人生一场，为什么不要求自己优于别人、越过别人呢？为什么不可以拥有比别人更为厚实的某种"存折"呢？如果人人都缺少这种要求，社会还有什么进步可言？应该说，问题不在于是否该有这种感觉，而在于这种感觉一旦产生并膨胀，就会不知不觉主导人们的一言一行，使人们丢掉了谦虚谨慎的态度，代之以自命不凡，自以为是。尤其在社交场合下，炫耀优越感很容易招致别人的反感，从而对你避而远之。

小杨刚进公司的时候，待人温和有礼，踏实肯干，没有一点架子，而且他是一所名牌大学的高才生，大家都很喜欢他。由于小杨不断学习，他技术也越来越精湛，不久前发明了一个小东西，获得了创新奖，他非常高兴，逢人便炫耀自己。开始的时候，同事们也纷纷表示祝贺，

但过了一段时间，他发现周围气氛似乎有什么不对劲，同事们对他爱理不理的，上司也经常给他脸色看，甚至连公司的一些集体活动也没人通知他去参加。他对此，非常不解。便向心理医生说了这件事。

心理医生在询问了情况后，断定是小杨过度炫耀自己的优越感而招致了大家的厌恶。原来，小杨在得了创新奖之后，就感觉自己处处比别人强，好像自己在技术方面是权威了，经常在同事面前指指点点，甚至还讥笑有的同事天天埋头苦干也没有搞出个什么名堂来。

其实，小杨这次得奖也有赖于上司的大力支持和同事们的全力帮忙，可是小杨自从得奖后就忘乎所以，把自己看成了唯一的功臣。于是，招致了上司和同事们的不满。

心里医生建议小杨，不要太锋芒毕露了，要尽量收起自己的优越感。可小杨认为，自己的优越感是自己凭本事换来的，是无可厚非的，同事们是出于忌妒才疏远自己的，自己根本没有必要向他们低头。于是，他依然在公司里我行我素，甚至变本加厉，以能人自居，变得越来越特立独行了。

几个月后，小杨因为一件小事被上司辞退了。

小杨从被喜欢到被疏远，到最后被辞退，不是因为他工作能力的问题，而是他拥有太强的优越感，而是他不懂得收敛这种优越感。假如，他虚心一些，懂得把优越感和别人一起分享，也就不会出现同事关系的紧张和上司的冷落了。

可见，优越感有时候不是一样好东西，它使人们对你避而远之，使你内心逐渐失去平衡，变得越来越极端了。小杨就是这样的。炫耀优越感是社交的雷区。在人际交往中，要学会适当收起自己的优越感，以便最大限度地寻找与他人的共性，实现社会交往的目的。那么，应该怎样做呢？

三 社交雷区——随机应变,避开交际软肋

(1) 平衡他人心理

很多人都有这样的心理:对比自己优秀的人忍不住会心怀忌妒,而对于比自己弱势的人则会不加防备,甚至怀有同情心。针对这种社交中普遍存在的心理,我们在交往的时候,不妨放下优越感,适当示弱,这样才能更好地与人相处。纵观历史,有很多人不知道示弱的道理,而招致了失败。

张良同萧何、韩信并列为"汉初三杰",汉高祖刘邦曾给予极高的评价。但是,这三人中,萧何被下狱,韩信被杀死。只有张良一直得到了刘邦的善待。

综观张良一生,他为汉王朝平定天下出谋划策,功勋卓著:以"明修栈道,暗度陈仓"之计,令汉军得以脱困,为与项羽争天下打下根基;又劝止刘邦封六国之后为王,安定了民心;鸿门宴前拉拢了项梁,保住了刘邦的性命;为刘邦确立了太子,避免了夺嗣的危机;鸿沟议和后,力谏刘邦乘项羽依约退兵之机追击楚军,勿使纵虎归山……

然而这些卓著的功勋并没有让张良因此而骄傲,因为他知道"功高震主"是很危险的。所以他从不炫耀自己的功绩,而是用示弱的方法来平衡刘邦和同僚的心理,从而避免了杀身之祸。

在功成名就之后,张良激流勇退,称病不上朝,过起了闭门谢客的隐居生活。在封侯之初,张良便向刘邦表示,从此以后想学习"辟谷"("辟谷"就是不吃饭)"轻身"之术,遗世独立,不食人间烟火,以求修道成仙。此后,张良便借口体弱多病,逐渐淡出官场,不再过问政事。诚然,张良的这些作为都是表面现象,但就是这些现象使刘邦对他放松了警惕,避开了杀身之祸。终其一生,他都与刘邦保持着良好的关系。

张良功劳甚大,不免引起刘邦的防备和众大臣的忌妒,在复杂的政治斗争中他以示弱的方式来平衡刘邦和同僚的心理,不失为明哲保身的

· 85 ·

高招。

(2) 与他人分享荣誉

法国一位哲学家曾说:"如果你要得到仇人,就表现得比你的朋友优越,如果你要得到朋友,就让你的朋友表现得比你优越。"在人际交往中,当你表现得比对方太过优越,对方就会产生自卑感和忌妒感,这样不利于人际间的交往,因为平等是交往的基础。

化学家戴维尔制出了纯净的铝后,有人劝告他,让他声明自己是铝的真正发现人。因为在戴维尔之前,德国人弗勒制出的铝不很纯净。戴维尔没有听从劝告,反而用铝铸了一枚纪念章,上面只刻了弗勒的名字和1827年的字样,送给了那位德国化学大师,并对劝告他的人说道:"我很荣幸,能够在弗勒开辟的大道上多走了几步。"这位科学家在取得成就的时候,念念不忘前人给予的启示,不但无损于自己作出的贡献,反而使其辉煌业绩与谦虚美德交相辉映,从而赢得了人们更大的崇敬。

荣誉是每个人都渴望的,懂得把荣誉让给别人,是一种智慧。因为,你在与别人分享荣誉的时候,不但表现了自己,而且还得到了对方的好感和感激,会使双方的友谊之路更加长远。

(3) 学会赞赏他人

从各人的条件看,人与人不会处在高低同一个层次。在人际交往中,不但要学会控制自己的优越感,适当地赞美他人也会给你赢得好人缘。爱听赞美的话是人类的天性,人人都喜欢"正面刺激",而不喜欢"负面刺激"。如果在处世交友中适当赞赏他人,夸奖他人的长处,那么,对方对你的好感将会大大增加。

小佳在大学里,是个出类拔萃的学生,不仅学习好,而且在艺体方

三 社交雷区——随机应变,避开交际软肋

面也很擅长。在别人投来欣羡目光的同时,小佳也感到了自己有"高处不胜寒"的危险。为了能与同学们更好地打成一片,她从不炫耀自己的成绩,而总是找机会夸奖身边的人。"你今天气色很好!""你的眼睛真美!""这件裙子对你再适合不过了!"等等,这些看似简单的话,却温暖了别人的心,也为自己赢得了好人缘。小佳也就没有了"高处不胜寒"的忧虑了。

赞赏他人是为人处世的良方之一,同时也是平衡他人心理的好方法。小佳的做法在获得他人好感的同时,也摆脱了自己为人隔绝的危险。

排雷日记

优越感是人人都需要的,也是人人都渴望得到的。优越感促使人有了追求的目标,优越感能让人更加自信。然而,社交过程中,不要过度炫耀自己的优越感,尤其在别人不如你的情况下,那样会招致反感和忌妒。要学会放下架子,谦虚地对待身边的人,学会与他们共同分享你的荣誉,学会欣赏和赞美他们的优点。这样,将为你赢得良好的人际关系。

学会控制自己的情绪,不要随意发怒

一个男孩脾气非常不好,有一天他的爸爸拿一块木板、一个铁锤还有一罐铁钉子给他:"以后你如果生气了,就用铁锤在这块木板上钉一个钉子。"男孩就照着他爸爸的话去做。在刚开始的时候,他每天都钉十几个,到后来越钉越少,这个男孩子慢慢地知道怎么样来控制自己的脾气了。后来有一天，爸爸对他说："嗯，不错，你的脾气好多了。从现在开始，如果你能够控制你的脾气，你就可以拔一个钉子出来。"等到这个板子上的钉子都被拔出来的那一天，爸爸这样对他讲："真好，你已经把你的坏脾气改掉了，不过你看这个板子上的孔，就像你生气的时候给别人或者是自己造成的伤害，那是永远会留在这里的。因此，生气就好像一把刀子，有些时候会割到自己，同样也会伤到别人。"

生活当中有的人经常喜欢为一些小事而生气。在生气时，他们感到非常痛苦，其实他们也不想这样，但就是控制不了这种情绪。这种情绪如果控制不好，就会迁怒于他人，不但给自己带来很多的麻烦，而且还伤害了别人。

李芳是某家科技公司的客户经理，正好她的学妹陶新也在这家公司做服务部主管。两人平时关系很好，合作也很默契。

这天，李芳因为一点小事被经理批评了，心里觉得很窝火。她刚回到办公室，陶新正好有一份客户投诉情况向她汇报，就在办公室向她汇报了情况。李芳因为被批评心里很难受，于是不问缘由劈头盖脸地就冲着陶新发脾气，认为是她处理不当，工作没做到位。这令陶新觉得很委屈，于是就和她吵了起来，同事们看得目瞪口呆。

事后，李芳觉得很后悔，不应该为了一点小事迁怒于他人，于是想向陶新道歉，可自己是上司，向下属道歉又觉得没面子。陶新呢，是个倔脾气，她认为自己没错，也不愿意低头去向李芳讲和。于是，二人的关系渐渐冷淡了。

不久，陶新就辞职了，李芳为失去了一位好朋友和好搭档而后悔不已。

其实，事例中陶新也有错，她不该不顾及上司的脸面去顶撞，但如

三 社交雷区——随机应变,避开交际软肋

果李芳不随意发脾气,就不会造成这种局面。所以,与人交往,一定要学会克制自己的情绪,随意发脾气,不仅不利于身心健康,也会伤害无辜。

第一次世界大战以前,德国首相俾斯麦与国王威廉一世是对有名的搭档。德国当时会强盛,不但得力于俾斯麦这个首相,同时也因为有威廉一世这个宽容大度的好皇帝。

威廉一世回到后宫中,经常气得乱砸东西,摔茶杯,有时连一些珍贵的器皿都砸坏。皇后问他:"你又受了俾斯麦那个老头子的气?"威廉一世说:"对呀!"皇后说:"你为什么老是要受他的气呢?"威廉一世说:"你不懂。他是首相,一人之下,万人之上。下面那许多人的气,他都要受。他受了气往哪里出?只好往我身上出啊!我当皇帝的又往哪里出呢?只好摔茶杯了!"

威廉一世在受了气后,喜欢乱砸东西,虽然不是什么好习惯,但他从不迁怒于人,却也是值得肯定的。类似的例子就是唐太宗和魏征,唐太宗也经常受魏征的气,但他从不迁怒于身边的人,反而以宽大的胸襟去包容魏征,为后世上演了明君良臣的典范。

在社交过程中,发怒是一个雷区,如果不注意克服这个缺点,控制好自己的情绪,你可能会失去很多朋友或助手,把自己变得孤立起来。那么,要怎样做到不发怒、不迁怒呢?

(1) 学会内省

生活中我们可以观察到,有的人对鸡毛蒜皮的小事都斤斤计较,别人不经意的一句话,也会引起他的耿耿于怀。而且,他会把事情尽量往坏处想,结果,越想越气,越气越想,最终怒不可遏,这对自己的身心健康极为不利,所谓"怒伤肝"。如果不及时控制,还可能会迁怒别人,伤害彼此之间的感情。感情的损失也许是你事后无法弥补的。

所以，当你觉得自己在生气，不妨先冷静一会儿，想想自己到底有没有责任，恼怒究竟有没有必要。经过内省，你会发现自己有时候是明显的无理取闹。其实，如果你在发怒之前能想一想发怒的对象和理由是否合适，方法是否适当，你发怒的次数就会大大减少。

（2）保持冷静

有时候，流言飞语也会让人生气，甚至大发雷霆。这时，不妨先闭上眼睛，深呼吸一下，尽量让自己冷静下来，然后分析事情的前因后果，不要听风就是雨。因为，人在生气的时候很容易失去理智，做出一些令自己事后后悔不已的事。

莎士比亚笔下的奥赛罗是威尼斯公国的一员勇将。其手下有一个阴险的旗官伊阿古，一心想除掉他。于是，伊阿古挑拨奥赛罗与妻子苔丝狄梦娜的感情，说另一名副将凯西奥与苔丝狄梦娜关系不同寻常，并伪造了所谓定情信物等。奥赛罗信以为真，在愤怒中掐死了自己的妻子。当他得知真相后，痛不欲生的他拔剑自刎，从而酿出一幕人间悲剧。如果当时奥赛罗能冷静地想一想，对事件有一个理智的分析的话，就不会做出这样的傻事了。

可见，盲目冲动会坏事，在愤怒面前首要的是保持冷静，这样才能明辨真伪，想出解决问题的方法。

（3）能量转移

怒气就如一座火山，压抑太久后一旦爆发，其破坏性不容小觑。因此，要适当地控制和发泄怒气，借转移能量来缓和内心的激烈情绪。为此，一个日本老板想出了一个奇招，他专门设置了一间房，房间里摆了多具以公司老板形象制作的橡皮人，让对老板有意见的员工随时进去发泄情绪，很多有怒气的职工进去对橡皮老板乱打一通后，怒气也就削减了大半。如果你平时生气了，可以选择出去参加一次体力运动，或看一场电影，或听一首欢快的曲子，哪怕出去散散步，只要能让自己放松一

社交雷区——随机应变,避开交际软肋

下就行。也许在放松后,你的怒气就会烟消云散了,心情也变得愉快多了。

排雷日记

每个人都会遇到不愉快的事,都难免要发点脾气,甚至迁怒于人。喜怒哀乐,人之常情,无可非议。但如果不适当控制自己的情绪,盛怒之下,很容易做出一些蠢事、傻事,事后令自己后悔不已。世上没有后悔药可吃,有的事在事后还可能弥补,而有的事可能终生都无法弥补。学会控制好自己的情绪,不要随意发怒,更不要迁怒他人,那样对自己对别人都是一种伤害。

学会给他人一个台阶下

"金无足赤,人无完人",在现实生活中,谁都可能犯错误,谁都有可能陷入尴尬的境地。因此,学会给别人一个台阶,是为人处世应遵循的原则之一。

英国诗人华兹说过:"宽容是我们最完美的所作所为。"给别人一个台阶,不仅是宽容的体现,也是一个人善良品质和良好修养的体现。只有心胸宽广、心底善良、善于为他人着想的人,才会想着给别人一个台阶。在受到伤害时,很多人都会与对方针锋相对地一争高下,结果使双方都很难堪,其实,只要双方都能退一步,冲突就会得到解决。虽然宽容并不意味着一味忍让,但学会最大限度地宽容,就能避免许多尴尬,使许多矛盾得以和平化解。

学会给别人一个台阶,不仅会赢得友谊,还会得到更多人的支持。富兰克林少年时十分狂傲,凡是与他意见不同的人,都要遭到他的侮辱。后来，在友人的劝说下，他改变了争强好胜的性格，不再给人难堪，而是坦然接受反驳他的正确言论，在与人交谈时，他也尽量保持心平气和的态度。这种转变，使他结交了很多朋友，最终成为了一个出色的政治家。由此可见，学会给人一个台阶，不仅是拥有朋友的开始，也是自己成功人生的开始。

  2010年，一家大型制造企业的赵经理率团到日本参加某企业的订货会，日本企业对这次会面非常重视，公司总裁特地举行盛会款待了赵经理一行。双方在交谈中，日本翻译在翻译赵经理的讲话时，突然变得结巴了，总裁见状很生气，感到非常没面子，脸马上阴沉了下来，扭头盯着那位翻译，那位翻译涨红了脸，紧张得不知所措。

  客厅里的气氛顿时紧张了起来，大家的目光齐刷刷地盯着翻译和总裁，这时赵经理温和地对日本总裁说："两国语言差别较大，要完全翻译出来有时确实很难，刚才我的话中有方言，他没听清，也不怪他。"说完，赵经理又慢慢地重述了一遍，那位翻译马上翻译了出来。

  赵经理说完话，立即与总裁碰杯，紧接着又转过身和日本翻译碰杯，这令日本翻译很感动。此时，日本总裁的脸上也有了笑容，整个宴厅的气氛彻底缓和了下来。最终，双方达成了协议。

  赵经理以自己的"方言"为借口，没有说对方翻译的过错，不仅展示了自己的宽容大度，也为日本企业总裁摆脱了尴尬局面，为合作奠定了良好的基础。

  在社交场合，一些无关紧要的小错误，只要无伤大局，就不必斤斤计较。这不仅是为了避免不必要的烦恼和纠纷，而且也是为了顾及对方的名誉，不至于伤人颜面。山不转水转，你今天放人一马，他日说不定别人也会对你退避三舍。社交过程中，宁愿少交个朋友，也别多树一个敌人。不会给他人台阶下，凡事做绝，是社交的雷区，是我们在社交过

二 社交雷区——随机应变,避开交际软肋

程中应该注意的。那么,我们具体要怎么做呢?下面就列出几点,希望大家能从其中得到自己想要的答案。

(1) 巧妙解释,化解矛盾于无形之中

当出现尴尬局面,巧妙的解释往往能化解矛盾,缓和气氛。

有一次,一位外国首脑偕夫人访问美国。在赴白宫出席美国总统的送别宴会途中,他在闹市突然下车和行人握手问好。保安人员急忙冲下车,喝令站在其身边的美国人把手从口袋里抽出来。他们怕行人口袋里有武器,行人一时不知所措。这时,首脑夫人十分机智,立即出来打圆场,她向周围的美国人解释说,保安人员的意思是要人们把手伸出来,跟他丈夫握手。顿时,紧张的气氛又变得热烈了,人们亲切地同首脑握手致意。

面对有可能影响两国关系的尴尬局面,首脑夫人镇定自若,巧妙地化解了一次矛盾,既给了美国人台阶下,又为自己的丈夫塑造了亲民形象,真是一举两得。

(2) 善用假设,暂避锋芒

当双方争执得不可开交时,善用假设,既给了对方一个台阶下,又保留了自己的观点,不致伤了和气。

一个高中学生和班主任争论是否可以谈恋爱。老师一口咬定不能,学生很长时间不能说服老师,又见老师似有怒意,为了结束争论,他巧妙地说:"也许您说得正确,现在谈恋爱确实不合适。"学生的话其实是一句废话,它并没有肯定老师的观点,却给了老师一个台阶下。

(3) 用幽默化解尴尬

当你遇到意想不到的事时,学会一点幽默,可以化解尴尬局面。

·93·

里根在第二个总统任期内曾访问加拿大,在加拿大的总理皮埃尔·特鲁多陪同下来到温哥华的广场上发表演说。正当里根精神振奋地演讲时,一个人从台下高喊让他停下来,接着还出现一群喊反美口号的人,这些人明显地显示出反美情绪。作为加拿大的总理,皮埃尔·特鲁多对这种无理的举动感到非常尴尬。里根则面带笑容对他说:"这种情况在美国是经常发生的,我想这些人一定是特意从美国来到贵国的,可能他们想使我有一种宾至如归的感觉。"——里根这种幽默的话一说出口,场面反而平静下来了,使得演说得以顺利进行。

在这里,里根这句"可能他们想使我有一种宾至如归的感觉"看似和观众结为一体的话,既安慰了加拿大的总理,也让那些起哄的人平静了下来,可谓是一箭双雕。

(4)为他人找借口

为了化解不必要的麻烦,学会为他人找借口不失为一种处理人际关系的好方法。

一位顾客来到一家百货公司,要求退回一件外衣。女售货员小雪检查了外衣,发现明显有干洗过的痕迹。但顾客却说,绝没穿过,只是丈夫不喜欢,所以要求退掉。这时,如果直截了当地揭穿顾客,顾客不但不会轻易承认,还有可能会发生争执。于是,小雪机智地说:"我怀疑你的家人把这件衣服错送到了干洗店去洗过了,因为这件衣服的确看得出有洗过的痕迹,不信您可以跟其他衣服比一比。我记得不久前我也发生过这样的事,我把一件刚买的衣服和一堆脏衣服一起堆放在了沙发上,结果我丈夫没注意,把它们一起塞进了洗衣机,所以,我怀疑你也遇到了这种情况。"顾客看了看证据知道无可辩驳,而小雪又为她的错误准备好了借口,给了她一个台阶,于是顾客顺水推舟,收起衣服走了。小雪为了顾及顾客的面子,为顾客找了一个合适的理由,巧妙地避

二 社交雷区——随机应变,避开交际软肋

免了一场争执的发生。

所以,在别人感到尴尬、无助甚至丢脸的时候,不妨给别人一个台阶下。相信,你的解围会让别人心生感激,也为自己积累了一个人脉资源。

排雷日记

在社交的各种场合,每个人都希望把自己最好的一面展现给大家,力图避免各种尴尬局面,这种情况下,千万不要让别人感到有失面子,如果你能在别人身处窘境时为对方搭建一个"台阶",避免对方丢面子,不仅会让对方心生感激,而且也有利于自己在公众面前树立良好的形象。请记住,给别人一个台阶下,就是给自己一个台阶上。

说话要讲究分寸

所谓"说者无心,听者有意",有时你明明无心地说了一句话,却"有意"地伤害到了别人。轻则引起对方的反感,重则给自己引来灾祸。这种由旁人一句随便说出的话,却引起当事人不快的现象,在心理学上被称为"瀑布心理效应",即信息发出者的心理比较平静,但传出的信息被对方接收后却引起了心理的失衡,从而导致态度行为的变化等。这种心理效应现象,正像大自然中的瀑布一样,上面平平静静,下面却浪花飞溅。因此,当你在和陌生人打交道时,就需要谨言慎行,注意说话的分寸。

平原君赵胜的邻居是个瘸子。一天,平原君的小妾,在临街的楼上,见到瘸子一瘸一拐地在井台上打水,大声讥笑了一番。这位身残

· 95 ·

志坚的仁兄心生不愤，于是找到赵胜反映这一情况，要求赵胜为他主持公道，杀了这个小妾。见赵胜犹豫，此兄劝说道："大家都认为平原君尊重士子而鄙贱女色，所以，士子们都不远千里来投奔您。我不过是有些残疾，却无端遭到你的小妾的讽刺、讥笑。所谓士可杀不可辱，请你为我做主。否则旁人会认为您爱色而贱士，从而离开您。"平原君这才恍然醒悟，毅然斩了这个说话没有分寸的小妾，并向那个瘸子道歉。

故事里的小妾就是因为说话没有分寸才招来杀身之祸，历史上因一言不慎引来灾祸的人不胜枚举，可见，说话注意分寸是一件多么重要的事情。在社交场合下，说话不讲究分寸是一个雷区。如果你想在社交场合中成为一个受欢迎的人，就必须时刻注意自己的言语，以免因说话不当而得罪人，虽然有时是无心的，但也会给人造成一定伤害，使人际关系变得紧张。而要做到这一点，你应该明白什么是谈话的禁忌，怎样掌握说话的分寸。下面我们就来认真地探讨一下这两个问题。

一、谈话的禁忌

说话要注意场合，并不是所有的话题在任何时间、任何地点都适合拿来公开谈论。不看场合，信口开河，不但不能展现自己的魅力，反而会给自己招来怨恨。因此，要想在社交场合中赢得好口碑，建立良好的人际关系，就必须知道哪些是谈话的禁忌。

（1）回避隐私

"男不问收入，女不问年龄"是交往过程中默认的规则，是你在社交过程中应注意的问题。但这并不是说，不谈他人的隐私，就可以谈自己的隐私了。有的人为了拉近关系，不惜曝光自己的隐私，但如果你一直纠缠着自己的隐私和别人大谈特谈，同样会引起别人的反感，认为你是个说话没分寸的人,从而给别人留下不好的印象。

(2) 不要提别人的伤心事

每个人都有不堪回首的往事,有的往事给人造成的伤害是一辈子也无法"治愈"的。所以,在社交场合下,不要和对方提起他所受的伤害,例如他亲人去世或离婚等。若是对方主动提起,则需认真倾听并表示同情,但请不要为了满足自己的好奇心而追问不休,应适可而止。

(3) 开玩笑要注意分寸

在社交场合下,适当的幽默会活跃气氛,打开尴尬局面。但开玩笑也要注意分寸,切忌伤害他人自尊。所以说话时,一定要留意对方的敏感点,比如对方身材矮小,你就最好不要在谈话中提起身高的问题,等等,如果你的玩笑让别人铁青着脸离开,那么,你最好打住。

(4) 为别人的健康保密

有严重疾病的人,如肝炎、癌症等,通常不希望自己成为谈话的焦点对象。不要做个大嘴巴,一看到病后的人回来工作就大声宣扬:"老张,你的肝病治得怎么样了?"这是让人最不高兴的事。如果你真的是关心别人,为别人着想的话,可私下来询问他的病情,这样既表示了自己的关心,又给人留了面子。

(5) 避开争议性话题

在社交场合下,应以探讨双方都感兴趣的话题为宜,尽量避免谈到具有争论性的敏感话题,从而避免引起双方抬杠或出现对立僵持的情况。

(6) 不要随便评价别人

在社交场合下,不要随意评价他人,要充分考虑他人的颜面。有的人喜欢把别人陈芝麻烂谷子的事翻出来,大肆评论一番,却丝毫不顾及别人的感受,要知道,有些事在你眼里可能只是好笑而已,但对别人却已经造成了伤害。

（7）注意文化差异

不同地域存在不同的文化，在你看来是很平常的言语却很可能会影响到对方的情绪。因此，建议你在社交场合，先了解交往的对象，做到有的放矢。

二、掌握说话的分寸

俗话说，过犹不及，有的话点到为止即可，切不可口无遮拦。

（1）客观才能服人

客观，就是尊重事实，实事求是地反映所见所闻，做到不虚假不夸张。这样给人真实可信的感觉。相反，有些人喜欢主观臆测，信口开河，给人留下夸夸其谈、胸无点墨的不好印象。

（2）给自己定位

任何人，在任何场合，都有自己的特定身份，也就是自己当时的角色地位。比如，在自己家里，对子女来说你是父亲或母亲，对父母来说你又成了儿子或女儿。如果用对小孩子说话的语气来对老人或长辈说就有失尊重了。

（3）善于克制情绪

在社交场合，一般以谦和热情并重的待人方式为佳，态度应保持从容淡定，不卑不亢。切勿太过兴奋，忘乎所以，以致口不择言，伤害他人。

（4）适当赞美

俗话说："好话一句三冬暖，恶语伤人六月寒。"一般来说，人们喜欢在公开场合下听到赞美的声音，而不是批评的言语。所以，不要吝惜你的赞美，适当的赞美会让人如沐春风，有助于建立良好的人际关系。而过度的赞美则有阿谀奉承之嫌，会令人反感。

说话是一门艺术。寡言少语，给人难以接近之感；口无遮拦，给人轻浮不可信的印象，而且经常容易伤害人。所以，说话要讲究分寸，做

社交雷区——随机应变,避开交际软肋

到不愠不火,这样才有利于人际交往。

排雷日记

很多人都有过被别人的"无心之言"伤害的经历,如果你胸怀大度,很可能在一笑置之后原谅了对方,但多少对对方有些看法了;而如果你自尊心很强,则很可能为他这一句话的伤害长时间耿耿于怀。同样,如果你的话刺伤了对方,对方也一样会对你心存芥蒂或终生耿耿于怀。会说话,是一种技巧,是一门艺术。你的一言一行,一举一动,都会给周围的人带来反应,反应效果如何就要靠自己把握。注意说话禁忌,掌握好语言分寸,会让你和对方的交往氛围保持和谐愉快,有助于避开雷区,促进感情的升温。

不要强人所难

一棵树上结满了苹果,成熟时自然味道甜美,可你非得在苹果未熟时就要吃,那尝到的滋味必定是苦涩的。人际关系就是我们培育的果树,过早地摘取果实既浪费了自己的心血,又尝不到果实的甘甜。所以,万事不可强求。

生活中,难免会遇到困难,找人帮忙是正常的,但绝不能强人所难。如果别人不愿意,说不定他有难处,求人者应该体谅对方,另想办法;如果对方有顾虑,就应该给人充分考虑的时间,不要急于让别人答应自己,强人所难。

提出让人为难的要求,不外乎两种结果:一是遭到拒绝,每个人做事之前都会先从自己的利益出发,没必要为了别人而让自己为难;二是勉强答应了要求,但这是最后一次,以这次帮忙彻底回报了你全部的人情,关系很可能从此发生转折或终止。

熊郊得知老同学高继春的亲戚在政府部门掌权,便找高继春,希望能通过高继春的亲戚把他从乡下调到城里。高继春见老同学相求,虽犹豫,但还是勉强答应了。高继春问过他的亲戚后,亲戚说无法办,高继春便向熊郊说明情况。但熊郊却认为是高继春不尽心,立即拉下了脸说:"你真不够朋友,这么一件小事都不帮忙。"说罢便转身走人。高继春感觉自己费力不讨好,心里很不是滋味。原打算讲完这件事后,去找另一个和他关系不错的人,兴许能办成这件事,但看熊郊的态度,他也不敢再说这层关系了,他怕如果再办不成,不知熊郊会怎样对待他了。

熊郊这种意气用事的做法,就是强人所难,是托人办事时最忌讳的。当你有求于人时,朋友当然是第一人选,可你也不能不顾朋友是否情愿。就算朋友没有替你办成事,你也不应冲朋友发火。这样,不仅没达成所愿,还伤了朋友的心。这么算,也是不值得的。

相信大家都知道王茂生献酒的故事吧。

相传唐贞观年间,薛仁贵尚未得志之前,与妻子住在一个破窑洞中,衣食无着落,全靠王茂生夫妇经常接济。

后来,薛仁贵参军,在跟随唐太宗李世民御驾东征时,因薛仁贵平辽功劳特别大,被封为"平辽王"。一登龙门,身价百倍,前来王府送礼祝贺的文武大臣络绎不绝,可都被薛仁贵婉言谢绝了。他唯一收下的是普通老百姓王茂生送来的"美酒两坛"。

一打开酒坛,负责启封的执事官吓得面如土色,因为坛中装的不是美酒而是清水!"启禀王爷,此人如此大胆戏弄王爷,请王爷重重地惩罚他!"岂料薛仁贵听了,不但没有生气,而且命令执事官取来大碗,当众饮下三大碗王茂生送来的清水。

社交雷区——随机应变，避开交际软肋

在场的文武百官不解其意，薛仁贵喝完三大碗清水之后说："我过去落难时，全靠王兄弟夫妇经常资助，没有他们就没有我今天的荣华富贵。如今我美酒不沾，厚礼不收，却偏偏要收下王兄弟送来的清水，因为我知道王兄弟贫寒，送清水也是王兄的一番美意，这就叫君子之交淡如水。"

此后，薛仁贵与王茂生一家关系甚密，"君子之交淡如水"的佳话也就流传下来了。

所以，人与人之间的交往以自然为宜，自然可让双方都感觉没压力，双方处于心理平衡状态，这是人际交往的理想状态。而提出人力所不及的要求，则会对他人造成压力，打破彼此间的平衡。这是社交的雷区。那么要怎样才能避开雷区呢？

（1）充分估计他人能力

你找人办事时，首先要考虑的是，这件事难不难，别人能不能办。不要把一件困难的事交到一个力所不及的人身上。就好比你叫一个小孩去扛50斤的大米，显然是强人所难。

（2）替别人着想

当你有求于人时，如果遭到拒绝，不要恼怒，应替别人着想，或许你托付的事确实令人为难。如果别人面有难色，那也说明别人有苦衷，最好不要再去强求了。比如你想邀朋友跟你一起去参加某项活动，朋友表示出犹豫。这时，如果你非要拉他与你同去，就会使朋友感到左右为难，因为他心中可能早已有了安排或有难言之隐。对于你的强求，若答应则打乱自己的计划，若拒绝又好像在情面上过意不去。或许他强颜欢笑答应了你，但心中实有几分不快。

（3）宽容他人

当别人已经为你托付的事尽力了，但却没办成，最好不要去埋怨别

· 101 ·

人，更不要去责怪别人，要学会理解和宽容别人。像上面例子中的熊郊的做法就是不可取的。你可以这样想，虽然这次没办成，可能他会觉得有愧于自己，那么下次他就会更加尽力去办。

★ 排雷日记

孔子说："己所不欲，勿施于人。"就是说要充分站在别人的立场去考虑，不要把自己不喜欢的强加于别人。在社交中，强人所难者就是没有从对方的角度去考虑问题，总是一相情愿，不管别人愿不愿意，肯不肯干，认为只要自己托付了，别人就要按自己的意愿去办。这样的处世态度，很容易给人霸道不通情理之感，是不利于人际交往的。正确的做法应该是多从对方的立场考虑，多一点理解，多一点宽容。不要因为自己意气用事而伤了和气。

四 婚恋雷区
——相濡以沫，荡平情路坎坷

哪个少男不钟情，哪个少女不怀春。爱情对每个青年男女来说都是一段宝贵的人生经历。古往今来有着无数感人的爱情故事。如梁山伯与祝英台，董永和七仙女，虽然是传说，却表达了人们对爱情的向往和追求。爱情具有巨大的魔力，可以让人"心有灵犀一点通"，可以让人"衣带渐宽终不悔"，可以让人"相顾无言唯有泪千行"。在爱情里，每个人都希望和自己心爱的人厮守到海枯石烂，天荒地老，正如那首歌唱的那样："最浪漫的事就是和你慢慢变老。"

然而，爱情之路密布着种种雷区，所谓相爱总是容易，相处太难，有多少人能真正做到"执子之手，与子偕老"呢？看到那一出出缠绵悱恻的爱情，到后来却劳燕分飞，无疾而终，无不令当事人痛断肝肠，撕心裂肺。人们不禁要问，世上真的存在爱情吗？答案是肯定的，爱情真的存在。但如何才能维持一段爱情，最终走向幸福的婚姻呢？排雷学院将为你排除婚恋过程中的种种雷区，助你在婚恋的过程中披荆斩棘。

一见钟情可信吗

　　一次不经意的邂逅演绎了一段完美的爱情故事，这就是文艺作品里"一见钟情"的套路，虽是老生常谈，却不知迷惑了多少青年男女。"我一见到你，就爱上了你。"诸如此类的情话，深深植根于怀春男女的心田。然而一见钟情可靠吗？

　　心理学家戴恩·伯恩斯坦曾经做过一项试验，给参加试验的人一些人物相片，这些相片被认为有魅力、无魅力和一般魅力三种，让试验者评定几项与外表无关的特征，如婚姻、职业状况、社会和职业上的幸福感，等等。结果，几乎在所有的特征上，有魅力的人都得到了最高的评价。仅仅因为长得漂亮就被认为具有所有积极肯定的品质。在生活中，类似这种"无法相信"的现象所反映的就是心理学中的"光环效应"，也称晕轮效应。

　　晕轮效应最早是由美国著名心理学家爱德华·桑戴克于20世纪20年代提出的。他认为，人们对人或事物的认知和判断往往只从局部出发，通过扩散而得出整体印象，也即常常一叶障目，以偏概全。一个人如果被贴上了"好"的标签，他就会被一种积极肯定的光环笼罩，并被赋予一切都好的品质；相反，如果一个人被贴上了"坏"的标签，他就会被一种消极否定的光环所笼罩，并被强加了具有各种本来不存在的坏品质。

　　由于它的作用，一个人的优点变成光圈后被夸大，而他的缺点也就退隐到光圈背后被人视而不见了，同样的道理，如果一个人的缺点被无限放大后，他的优点就会被人所忽视。有的人甚至以貌取人，觉得一个人外表形象好，那么他就一定是好人，继而"爱屋及乌"地认为他所

四 婚恋雷区——相濡以沫，荡平情路坎坷

使用过的东西也是好东西、他的朋友也是好人，他就是我要找的那个人。

由此可见，一见钟情多是被对方的外表所迷惑，在没有进行深层次了解的情况下把对方理想化、神圣化。

在一次聚会上，活泼开朗的女孩晓花认识了她一见钟情的吴刚。

当时，吴刚来得最晚，他围着一条围巾，戴着一副眼镜，显得文质彬彬，真有点像晓花眼里的偶像——韩国演员裴勇俊。一个不经意的眼神让两人彼此产生了好感。聚会后，吴刚送晓花回家，彼此留下了电话号码。

后来，吴刚便开始追求晓花，总会找个理由给她送鲜花和礼物。晓花为一见钟情的童话迷失了自己，痛快地答应了吴刚的交往请求。在她眼里，吴刚的举手投足间都表现出裴勇俊式的优雅，而他送的礼物她都喜欢，她觉得他是个有眼光、有理想，值得自己托付终身的人。一个月后，两人不顾父母的劝阻，执意步入了婚姻的殿堂。

然而，婚姻却不如恋爱那么浪漫，它是琐碎的。吴刚习惯每晚凌晨1点左右睡觉，第二天上午11点左右才起床。而晓花是个十分爱美的女性，从来没有熬夜的习惯，每天晚上10点左右就休息了，早晨早早起床。吴刚虽然外表帅气，但性格比较内向，不怎么爱说话，而晓花却爱热闹。

吴刚的骨子里有一股大男子主义，觉得结了婚，男人在家中应该是至上的，而从小娇生惯养的晓花却不吃他这一套，彼此为了做家务的事情吵过很多次架，有一次吴刚甚至气愤地打了晓花一耳光。

又有一天，晓花有几个朋友要到家里来做客。晓花让吴刚早点起床收拾一下，试图从床上把他拉起来，吴刚却火了，从床上爬起来抓起茶几上的茶杯狠狠地砸到了地上。这下子将晓花的心也砸碎了。两人从那

天起开始正式分居，之后晓花也搬到了娘家。不幸福的婚姻让父母操碎了心，父亲心脏病反复发作，多次住院。经过数次协商，两人最终协议离婚。

晓花和吴刚匆匆结婚，是因为当时自己坚信"一见钟情"的缘分。可实践证明，他们之间根本缺乏真正的了解，截然不同的生活差异让他们的婚姻伤痕累累。终于又不得不闪电离婚。

一见钟情的感觉，其实就是对方的某一方面在某个适当的时间里，某个适当的环境下，契合了自己的审美观。通常是对方的外表或气质在某一瞬间吸引了自己。而在这一瞬间，对方的性情、思想、性格等诸多方面往往被人忽视。觉得对方像"天仙"一样，像"王子"一样，越是被对方的外表或某种气质所迷住，就越是不在乎对方诸如人格特征、身体状况等方面的情况，感觉对方样样都合自己的心意。而这样恰恰陷入了爱情的雷区。那么，我们应该怎样看待一见钟情呢？

（1）避免理想化

所谓"情人眼里出西施"，特别是女孩子较容易把一见钟情理想化，便自然而然地进入了美感共鸣状态，产生"踏破铁鞋无觅处""有缘千里来相会"的惊喜。而当热恋的那簇火苗渐渐熄灭的时候，对方的缺点也慢慢浮现了出来，腰有点粗啦，脾气不好啦，思想天真啦，等等，越想越觉得偏离了自己真正的要求，甚至为自己所不能容忍。

一见钟情是个很浪漫的词，但在它的背后往往带有某种欺骗的色彩。所以，你一定要擦亮自己的眼睛，不要被表面现象蒙蔽了自己。

（2）保持一份冷静

一见钟情通常是一种不理智的行为，当你遭遇了这种情况，需要保持一份冷静。少一些"情人眼里出西施"的幻觉，多一些"相知才能相守"的现实态度。让时间来深化彼此的了解，全面考察对方的内在品

四 婚恋雷区——相濡以沫，荡平情路坎坷

性，尤其对不利条件和缺陷要有清醒的认识。这样才能作出明智的选择，避免因一时冲动而作出事后追悔莫及的事来。因为婚前的感情基础，尤其是对对方缺点的了解，与婚姻质量有着重要关系。

相信世界上存在一见钟情，一见钟情的人也会厮守到老，但我们更相信这是少数。很多时候一见钟情都是一种不理智的行为，是一种对婚姻持草率态度的行为，其后果可想而知。所以，对待一见钟情要保持一份冷静的态度。

排雷日记

相知相爱是个长期的过程，只有建立在彼此真正了解的基础上的爱情才是牢固的。仅仅"一见"是远远不够的，因为后面还有一生的路要共同走下去，还要一起承担生活中的坎坎坷坷，风风雨雨。你能确认心中的白马王子或白雪公主已经做好准备了吗？如果没有，就不要草率步入婚姻的殿堂。

爱需要争取

你还在为相信缘分而坐等爱情的来临吗？你还在幻想意中人主动追求你吗？你还在为胆怯而不敢向爱的人表白吗？命运掌握在自己手中，爱要靠自己争取。

圣诞节前夕，小张的朋友请他帮忙到火车站接他的妹妹。小张欣然从命。到了火车站，发现除了朋友的妹妹外，一同到达的还有一位中国女学生。那位女生姓秦，名惠，她是陪朋友的妹妹到芝加哥来度圣诞节的。小张在巧遇秦惠之后，觉得无论从哪一方面，秦惠都完全合乎自己的理想：一位东方式的姑娘，美丽、含蓄、热情、持重。他决定向她"进攻"。这时，小张又去征求朋友的意见。朋友建议他：不要犹豫，立刻行动。于是，小张给秦惠写了第一封求爱的信。

在芝加哥，小张等待秦惠的回信已如"热锅上的蚂蚁"，甚至已经显得身体消瘦，精神不振。终于有一天他接到了秦惠的回信，信里虽然没有做出什么许诺，可是却邀请小张在5月去参加圣玛丽学院举办的盛大舞会。这本身就是一个信号，小张为此兴奋不已，却又苦恼不已。因为小张身体有些胖，而且不会跳舞。于是，他立刻着手实施两项计划：一是减肥；一是学习跳舞。为了减肥，他天天运动，甚至减少了饭量。至于跳舞，这对小张来说比减肥困难更大。于是，他参加了舞蹈训练班，认真地学起了跳舞。训练班的6门课程他都参加，虽然这对于一个从没有跳舞基础的人很难，但小张还是克服了很多困难，很快掌握了跳舞的基本技法。

5月，他满怀信心参加了舞会，赢得了意中人的芳心。

小张在面对爱情的时候，没有退缩，而是勇敢地去追求，为此，他一面减肥，一面学跳舞。最终，他赢得了意中人的芳心，成就了一段美好的姻缘。爱需要争取，被动地等待爱是婚恋的雷区。那么爱需要怎样去争取呢？

（1）勇敢说出爱

现实生活中，那些朝夕相伴的爱人，吝啬地表达自己的爱是不明智的。如果不及时说出自己的爱，随着时间的流逝，这份爱就会成为你永久的遗憾。

何浩和张兰是大学同学，他自从第一眼见到她就爱上了她，可一直没勇气说出来。毕业后，两人各自为了工作，很少联系，虽然在同一座城市，但他依然没有勇气说出那个"爱"字。他觉得自己太平凡了，根本配不上天生丽质而且父母又都是高干的张兰。

张兰其实是知道何浩喜欢她的，在大学里她总是被男生众星捧月般宠着，像个美丽的公主，可惜没有一个男孩子俘获她的芳心，她想只要何浩对她表白她就答应他。可是等了3年，她没等到那句话，以为是自己自作多情了。

时光如梭，转眼3年过去了，张兰结婚了。在她嫁人的那个夜晚，何浩喝得烂醉如泥，他知道这一切都结束了。

（2）用行动证明爱

说出了心中的爱，并不代表就会得到爱。爱需要实际行动，也许你的示爱会遭到对方的拒绝，可行动也可能让意中人回心转意。

一位作家为青年们讲了他自己的爱情故事。在大学既将要毕业时，他认识了一位女生，后来打听到她是学校里的校花，有很多人在追求她。这位作家没有出众的容貌，也没有优越的家世。他知道自己机会很小，但还是勇敢地向那位女生表达了自己的爱，不出所料，作家遭到了拒绝。但他并没有灰心，而是坚持为女生写诗。日复一日，他没有得到女生的任何回复。就在他满心失望的时候，女生给他打来了电话，约他见面。原来，这位作家错把情书投给了报社，结果报社刊登了这封情书，正巧，这封情书被女生看到了。其实，女生毕业后就搬了家，根本没有收到作家的信，但她没有想到的是这么多年过去了，以前向她求婚的那些人早就失去了耐心，而这位作家却始终坚持。她被感动了。

作家坚守住了心中的爱，以实际行动感动了心上人，也为自己争取到了爱。

爱情像流星一样，错过了就再也没有了。面对爱情的时候，要勇敢去追求。"有花堪摘直须摘，莫待无花空折枝。"一个不敢追求爱的人只会令缘分从指间划过，当星染双鬓时再蓦然回首，不过徒增伤感而已。

排雷日记

爱是上帝给每个人的恩赐和考验，如果不珍惜这份恩赐，那么爱就会悄然溜走；如果经不起这项考验，爱最终也只是镜花水月；只有懂得珍惜爱，并勇敢争取的人才能得到真爱。当爱来临时，放下自卑和懦弱，勇敢去追求吧，只有努力争取而来的幸福才弥足珍贵，才会让人更珍惜。请记住，世上没有等来的爱情，只有争取而收获的爱情。

不要让妒忌葬送了爱情

妒忌是爱情中的一种常见心理，是指在某人想法中，某种重要关系被第三者所破坏或影响，或者别人拥有自己没有的某种资源或特点。在爱情之中常有"吃醋"的说法。妒忌有一定的正面作用，它会让第三者感到一种压力，不敢轻举妄动。但过度的妒忌也是会伤害所爱的一方，表明了自己对其不信任，如果爱情中缺少了信任，也是难以长久的。

王梅在家无聊，发现男友的手机忘了带，于是拿起来随便翻翻。却发现了一个陌生号码的信息，很是暧昧，短信的大概内容是这样的：

男友先问女孩，干什么呢？吃饭了吗？女孩说吃了，看电影呢。女孩又说，她看电影爱哭，看了某某电影自己在那里流泪，哭得稀里哗啦之类的。于是他们又聊起了一些最近的电影。

之后，他们又聊到逛街。男友说他坐公交车被小偷偷过，女孩问他

四 婚恋雷区——相濡以沫，荡平情路坎坷

偷了他什么东西，他说他一个男人能被偷到什么东西，无非钱包，手机，让女孩逛街时要多小心……。

而且聊天的短信中有很多"啊""啦"之类的语气词，感觉是特别亲近的人，但没有"想啊""爱啊"之类的词眼出现。

王梅看到这些信息，一股怒火马上涌了上来。想自己与男友在一起3年多了，像这样的短信有两年都没发过了，因为已经没有了那种心情和雅致，有什么事直接打电话，或者短信直接说事，几个字解决掉。所以当她看到了这样很温馨的聊天，心里产生了极大的忌妒，她感觉他们的关系是极不正常的。另外，男友从来没有过在公交车上被偷的事情，他在编他的经历，也许是为了和女孩有共同的话题。

王梅越想越生气，于是跑到公司去找男友，当着众人的面要男友把事情说清楚，男友感到很无辜，突然想起前几天，一个朋友借了他的手机去发了短信，好像是刚交的女朋友。于是，男友忙向王梅解释，可王梅一点也听不进去，认为男友在编谎话骗他，不依不饶，弄得男友很没面子。

无奈，男友只好拨通了朋友的电话，让他解释这件事。原来这真是一场误会。事后，两人的关系变得大不如前了。

忌妒是一种不健康的心理和消极的情感表现。其实很多成人也存在不同程度的忌妒心，不过大多数成人能在产生忌妒时借助丰富的生活经验，做出理智判断，从而恰当地控制自己的情感。但也有少数人由于情绪失控，采取不良的行为来寻求自己的心理平衡。王梅在看了短信后，在不分青红皂白的情况下就到男友的公司去大吵大闹，就是一种由妒忌心使然的情绪失控。

妒忌是婚姻爱情中的雷区，如果不控制好，容易导致不良后果。

首先，它会恶化夫妻间的相互关系。猜疑、责骂、争吵、监视等使

同屋两人的生活变得水火不容，以致劳燕分飞。其次，夫妻间的妒忌会给孩子的心理造成不良影响。孩子对父母关系的反应都很敏感，也很尖锐，因妒忌而发生的口角往往使孩子心灵蒙上阴影，让他们感受不到家庭的温馨，从而缺少家庭责任感甚至爱心。第三，如果夫妻当中的一个是因为另一个背叛而产生的妒忌，则可能导致报复性背叛。"他既然不仁，休怪我不义！"

那么怎样才能控制妒忌心呢？

（1）建立互信

互相信任是爱情天长地久的前提条件，如果连起码的信任都没有，怎么能在一起生活一辈子。无论是恋人还是夫妻，都不可能时时刻刻在一起，总会给彼此一个相对宽松的自由环境，如果连这个环境也要被监控、被怀疑，那就是堕入了"牢狱"。相信是每个恋人和夫妻都不愿接受的。

互信是建立在彼此了解的基础上，所以恋人和夫妻之间要相互敞开心胸，让彼此了解，如果藏得太深，既是不真诚的表现，又不利于建立长久的互信。

（2）正确评价自己

两个人既然走到了一起，就应该相信自己身上有令彼此欣赏的地方，不要轻易否认自己，要看到自己的长处。有的人总喜欢把自己的缺点拿去和别人的优点比，结果心生妒忌，殊不知，你在羡慕别人的同时，别人可能也在羡慕你。你的鼻子好看，你何必偏要拿自己的嘴巴去和别人比呢？

（3）控制好自己的情绪

妒忌是人之常情。成年人一般可以控制好自己的妒忌之情，但有的人情绪激动，不会控制自己的情绪。他们在忌妒面前，很容易失去理智，所谓"因爱生恨"，他们常常做出一些出人意料的事来，结果毁掉

四 婚恋雷区——相濡以沫，荡平情路坎坷

了爱情，葬了婚姻。所以，当你发现自己被忌妒的情绪笼罩时，先要让自己冷静下来，想想自己为什么妒忌，是事出有因，还是庸人自扰？其实，很多时候，爱情里的妒忌都是自寻烦恼的。

因此，不管是情人还是夫妻，双方都需要建立彼此的互信，在误会和摩擦面前保持冷静克制的情绪，不要让忌妒心愈演愈烈。

排雷日记

爱情是人生最美好的东西之一，需要彼此呵护。妒忌会让彼此的情感产生裂痕，会让相爱变成相离。多一份自信，多一份信任，不要让妒忌葬送了美好的爱情。相信，那是每一个相爱的人都不愿面对的结果。

距离一定会产生美吗

心理学家为我们提供了大量的事实来证明距离产生美，也得到了很多人的认可。然而距离一定会产生美吗？假如有两个人同时爱上了你，一个近在眼前，一个远在天边，你会选择哪一个呢？也许你会说当然是选择我喜欢的那一个，但如果你喜欢的那个远在天边，你会永远期待下去吗？

李真和张文从大学就开始恋爱了，两个人一起恩恩爱爱地走过了七八个年头，近日却分手了，准确地说是离婚了。

两个人大学毕业后，一起找工作，一起生活，日子虽说比较辛苦，但两人的感情却日渐深厚了。真可谓是患难见真情。后来李真的公司为了在西亚地区开展业务，设了一个办事处，李真很荣幸地被外派出去。当李真把这个消息告诉张文，并想征求她的意见时，张文虽说不舍，但为了支持男友的工作，也为了他们心中憧憬的美好未来，还是欣然答应了。于是他们经历了人生中的第一次分别。张文在国内守着两个人的"小家"，忍受着孤单寂寞，等待着李真的归来。两个人的爱情每天只能靠网络维系着，毕竟不是一天两天，这样的日子也算是一种煎熬。

出国后的第二年年底，李真回来了，两人聚在一起不到10天，李真又再次外派，张文又将面临着第二次的分别。这一年他们还是重复着之前的联系方式。又坚持了一年，等到李真再回国的时候，张文拉着他去登记，两个人就正式地成了合法的夫妻。张文以为结婚了，就可以拴住男友，因为她不想再过这种聚少离多的生活了，她多次劝说李真，在国内也可以发展，为什么偏要去国外呢？而李真总是以国外更加锻炼人，而且工资高为由继续出国了。

这一年，李真的工作似乎更加忙了，很少和她联系，就是联系，也不过是那几句劝说保重的话。张文明显感到他们的感情已经大不如从前了。原来以为距离会产生美，哪知道距离拉开了，美却没有了。张文伤心极了，真后悔当初支持他出国。

故事讲到这里，我们不得不替两位主人公感到惋惜，他们毕竟曾经相爱过，但最终还是分开了，不是因为吵架拌嘴，也不是因为性格不合，而是因为距离太远，让他们的感情渐渐被时间所冲淡了。可见，距离不一定会产生美。

情人之间的过于拉开距离或强调距离都是婚恋的雷区。那么，我们要怎样排除雷区呢？

（1）保证相处时间

足够的时间是情人之间加深了解，增进感情的保证。如果情人之间相离太久，则相处时间没有得到保证，很可能会导致彼此情分的生疏，误会的发生,甚至让第三者有机可趁。所以,要想情人之间的感情天长地久,就必须投资必要的时间。

(2) 为爱情注入活力

如果情人之间相处太远,或相离太久,则彼此的感情容易冷淡,适当注入一些活力就显得至关重要了。所以,除了日常的嘘寒问暖外,用幽默的话语逗情人开心,不时给情人一些惊喜不失为增添活力的好方法。

距离是有限度的,太遥远的爱让人渐渐失去耐心。正如花前月下的甜言蜜语也许永远比望梅止渴来得痛快,更让人心醉。也许让人等待的爱情能让人更刻骨铭心,但是随着时间的推移你能保证对自己期待的爱一如既往地保持同一份热情吗?未必。因为守候一份爱需要付出太多,不仅是内心的煎熬,更是岁月的摧残。试想,人生能有多少个春夏秋冬可以去等待?

排雷日记

距离的美是捉摸不透的,把握不好反而适得其反。如果一段美好的感情被距离拉断了,相信没有人愿意做"断点"。距离不是产生美的唯一途径,不要笃信距离一定会产生美。

驱散失恋的阴霾,重拾爱情的希望

郭沫若《女神·湘累》:"他来诱我上天,登到半途,又把梯子给我抽了……所以我一刻也不敢闭眼,我翻来覆去,又感觉着无限的孤独之苦。"或许用这句话来形容失恋再合适不过了,爱情就像是被人引诱到天堂一样,总让人憧憬着天堂的美好,向往着和情人在天宫一起看月亮，数星星；而失恋就像是从半空中摔下去，摔得遍体鳞伤。

　　失恋固然让人痛苦，但千万不要沉湎于这种痛苦之中。如果沉湎于这种痛苦之中，就会失去生活的方向，辜负了关心你的人，甚至可能走向不归路。

　　1999年，某大学三年级学生李某从宿舍六楼跳楼身亡。据了解该学生成绩优秀，但性格寡言少语。半年前与某女生张某在一次义工活动中彼此有了好感，建立了恋爱关系。李某全身心地去爱对方，同时感到自己的生活仿佛有了激情，学习的劲头也比以前增强了，他沉醉在两人长久相爱的幸福想象中。然而，不到半年，张某"无缘无故"与李某分手。李某多次询问原因，才得知是有别的男生追她，为了让李某死心，张某在李某面前炫耀该男生是学生会主席，长得高大英俊，而且各方面都比他强。这深深刺痛了李某的心，令他感到非常痛苦和自卑。他不能理解对方的变心，更感到爱情只不过是伤心的代名词。他的情绪变得抑郁、消沉，觉得干什么事都没有了动力和兴趣，经常一个人到处游荡，还常到学校附近的铁路边去看飞驰而过的列车，有时甚至想一死了之。但最终他选择了跳楼。

　　李某的悲剧主要在对待失恋的态度上，他把失恋看得太严重，好像失恋了天就要塌一样。终日情绪低落，不知所措。其实恋爱不外乎两个结果，要么携手步入婚姻殿堂，要么分手。每个人在恋爱前就应该有这种思想准备。如果李某有了这种准备，或许也不会如此痛苦。此外，李某在失恋后不懂得如何排解抑郁情绪也是造成他悲剧的一个重要原因。

　　很多名人也都经历过失恋，那么，他们是怎样看待失恋的呢？下面就让我们听听著名哲学家苏格拉底和一位失恋者的对话，希望对大家有所帮助。

四 婚恋雷区——相濡以沫，荡平情路坎坷

苏格拉底："孩子，为什么悲伤？"

失恋者："我失恋了。"

苏格拉底："哦，我也曾经失恋，这很正常。如果失恋了没有悲伤，恋爱大概也就没有什么味道了。可是，年轻人，我怎么发现你对失恋的投入甚至比你对恋爱的投入还要倾心呢？"

失恋者："到手的葡萄给丢了，这份遗憾，这份失落，您非个中人，怎知其中的酸楚啊。"

苏格拉底："丢了就丢了，何不继续向前走去，鲜美的葡萄还有很多。"

失恋者："我要等到海枯石烂，直到她回心转意向我走来。"

苏格拉底："但这一天也许永远不会到来。"

失恋者："那我就用自杀来表示我的诚心。"

苏格拉底："如果这样，你不但失去了你的恋人，同时还失去了你自己，你会蒙受双倍的损失。"

确实是这样，如果一个人沉湎于失恋的痛苦而不能自拔，那他不仅失去了恋人，也失去了自己，失去了自己的目标，失去了自己的人生。

一般来说，失恋会产生以下痛苦情绪。

（1）悲伤、痛苦、愤怒与绝望。有的人突然失恋以后，在情感上首先会产生极大的悲伤和痛苦，随之而来的便是愤怒和绝望，很可能产生鲁莽的异常行为，如自杀、殉情、报复他人等。

（2）强烈的报复心。这种情况通常发生在一些感情受到欺骗、玩弄的失恋者身上。他们为了宣泄自己的愤怒和不满，常常采取非理智的极端行为来报复对方，不惜同归于尽。

（3）强烈的自卑感。有的失恋者因自尊心受挫会产生强烈的自卑感，有的甚至从此拒绝爱情，性格变得孤僻、古怪，严重者有自杀念头

或行为。

（4）迁怒他人或事。失恋后，有的人易将消极的情绪迁怒于他人。如怨天尤人，觉得做任何事都不顺心，好像老天也和自己作对；容易发怒，这种无端的迁怒常会导致行为偏激，甚至走向犯罪的道路。

以上这些情绪都是婚恋的"雷区"，那么要如何才能避免呢？看看下面几点，希望对大家有所帮助。

（1）倾吐感情

一般来说，人在失恋后都会产生悲伤、遗憾、留恋、惆怅、失望、孤独、自卑等不良情绪，这时候，一个人来承担是很难的。应当找一个可以交心的对象，倾诉自己胸中理不清的爱与恨、怨与愁，以释放心理压力，并听他们的评说与劝慰；或用书面文字如日记、书签把自己的苦闷记录下来，留给自己看，寄给朋友看，这也可能释放自己的心理负荷，求得心理解脱。

（2）情感转移

失恋后，应及时适当地把情感转移到失恋对象以外的其他人或事上，这种转移当然不是迁怒于他人。如可以多关心关心身边的人，听听他们的喜怒哀乐，或许可以平衡一下自己的情绪；也可以积极参加各种体育或娱乐活动，如跑步、打篮球、唱歌等，以此来释放苦闷；还可以投身大自然，如散步、爬山等，把自己融化到大自然的博大胸怀中，以得到心灵的抚慰。

（3）辩证对待

即一分为二地分析和看待失恋，用理智的"我"来提醒、暗示、战胜迷失的"我"。抛弃恋爱至上、爱情无价的想法。爱情固然是每个人所渴求的，但没有绝对顺利的爱情。失恋以后，要认真审视爱情在人生中的价值与地位，不要为了爱情而放弃人生。

别林斯基曾经说过："如果我们生活的全部目的仅仅在于我们个人

四 婚恋雷区——相濡以沫，荡平情路坎坷

的幸福，而我们个人幸福又仅仅在于爱情，那么，生活就变成一个充满荒唐枯燥和破碎心灵的真正阴暗的荒原，炼成一座可怕的地狱。"古往今来成大事者，没有一个是因为爱情而发狂的人，也没有一个因为爱情而迷失自我的人。因为"伟大的事业抑制了这种软弱的感情"。沉浸痛苦中只是懦夫的行为，积极奋斗才是转移失恋的最好方法。

排雷日记

当他不再爱你的时候，请不要觉得不公平。关于离去，你失去了一个不爱你的人，而他失去的是一个爱他的人，你是幸运的；当他不再爱你的时候，请不要失态，虽然一段感情已经结束，但毕竟曾经拥有，好合好散，让自己的伤心也带着微笑；当他不再爱你的时候，请不要失去自己的自信，深呼一口气吧，人生路上，铺满了爱的花蕾，相信总会有那么一朵属于你。

用包容去谅解彼此

两个相爱的人在一起，随着时间的推移，总会产生这样或那样的矛盾。特别结婚以后，两人生活在一起，磕磕碰碰会更多，这个时候，就需要彼此多点包容、多点沟通。生活不只是谈情说爱，它面临着很多实际的问题。在激情退去的时候，你是否还能一如既往地守护心中所爱呢？平淡的生活中，应该真诚地、宽容地对待彼此，共同珍惜和维护彼此的感情。如果两个人缺少包容和理解，就会产生矛盾。轻则会小吵小闹，重则会大打出手。长此以往，不仅会伤害到两人曾经苦心经营的感情，甚至会动摇原本幸福美满的婚姻。真正爱一个人，就应该接受他的全部，包括他的是与不是。

有这么一对夫妻，婚前感情很好，恩爱有加，可结婚不久便开始出现矛盾。

妻子说："你有好久没回家吃晚饭了？"

丈夫说："你有好久没做早饭了？"

妻子说："你不回家陪我吃晚饭，你知道我有多寂寞吗？"

丈夫说："你不给我做早饭，你知道我上班有多饿吗？老板已经批评我多次了，说我上班没精神。"

"早饭你可以自己弄啊，每晚回来那么迟，吵得我睡不着觉，我早上怎么起得来？"妻子不高兴地说。

"你知道我一天上班有多累吗？还要人陪着吃，你又不是三岁小孩，要我喂你不成？"丈夫也没好气地说。

妻子抱怨说："你总是烂醉而归，回来就倒在床上，什么也不管，是我为你擦洗的，你知道不？还有，你想想看，你有多久没做过家务了？多久没送我花了？"

丈夫也不甘示弱："做家务？我天天那么忙，哪还有工夫做家务。只知道说我，你有多久没去看我父母了？"

就这样，双方你一言，我一语，竟闹到要离婚了。

在去街道办事处的地方，他们遇到了一对老夫妻正相互搀扶慢慢走着。只听到老婆婆说："还是现在好啊，年轻的时候，你一心只顾着工作，很少陪我一起散步。现在，你老了，跑不动了，只得天天陪着我了。"老头笑着说："你看你，还像个孩子一样，天天要人陪，确实啊，年轻的时候整天就知道工作，冷落了你。"

听到这儿，他们止住了脚步。原来这对老夫妻也曾经历过与他们现在相同的问题，但这对老夫妻始终不离不弃，携手到老。这时，他们想起了当初的誓言："执子之手，与子偕老。"

于是，他们开始相互检讨，一场离婚风波悄然平息了。

四 婚恋雷区——相濡以沫，荡平情路坎坷

追求婚姻幸福，是每对夫妻的愿望，可是，现实的生活往往带给每对夫妻重重考验。日常生活的琐碎，聚少离多的苦楚，相顾无言的冷淡……都在威胁着夫妻关系的和谐。当夫妻关系出现了矛盾，相互抱怨和指责是不能解决问题的，抱怨和指责只会点燃怒气之火，怒气是婚姻的雷区，它会破坏幸福美满的生活。

那么要怎样才能避开雷区呢？下面就让我们看看作为一个妻子、作为一个丈夫，最应该明白和注意的事情是什么：

一、妻子应该明白的事实

（1）钱是男人面子的一种象征。钱财对男人来说，除了可提供稳定、富足的生活外，也是一种权力的象征。因此，男人们总是以事业为先，这也是他们建立个人形象和体现人生价值的主要途径，而不仅仅是为了谋生。所以，妻子在生气责备丈夫前，要理解丈夫对工作的全身心投入，别经常埋怨丈夫为了工作而冷落了自己。

（2）了解丈夫性情。并不是每个丈夫都是温柔体贴、善于关心人的，如果你选择了一个比较"冷酷"的丈夫，那就不要抱怨他的"无情"。因为一个人的性情是很难改变的，你既然无法改变它，那就只有学会接受它。

（3）理解男性的儿童心理。有的男人几十岁了，但感觉还是保留着童真，喜欢打游戏，寻开心，这从心理学角度看，是因为男性潜意识里有一种儿童心理。所以，当你看到丈夫爱玩时，不要过多责备他，也不要以为他对你失去了感情。他这样做，或许是工作压力太大，想放松一下而已。

（4）不要过多地干涉丈夫的个人生活。大多数男性结婚后，都会与以前的朋友保持来往，可是很多妻子不希望这样，更不希望是异性朋友，于是过多地加以干涉，这反而会令丈夫感到很反感。适当给丈夫一些个人的空间，也是为了夫妻间感情的细水长流。

二、丈夫应该明白的事实

（1）女人最怕孤独。当妻子在埋怨丈夫整日对自己不理不睬，对家里的事也不闻不问时，丈夫总是心安理得的样子，以为自己为了工作身不由己，妻子是无理取闹。这其实是对妻子的不理解，女人最怕孤独，就算是你为了工作，你也应该尽量抽出一点时间来陪妻子，比如散步、逛街，或是一起做家务，这样才能让妻子感到家的温暖。生活包括物质生活和精神生活，物质生活是基础，但精神生活也同样不可或缺。

（2）保持和其他女性的距离。妻子通常不喜欢自己的丈夫和其他的女人有过多来往，这会激起她们的忌妒心甚至报复心。所以，丈夫要理解妻子的这种心理，尽量不要和其他女性有过多来往，以免引起不必要的误会。

（3）女性的好强心理。很多女人看似柔若弱，骨子里却是很要强的，特别是结婚后，她们更希望自己的丈夫能听自己的话，至少凡事能听自己的意见。所以，夫妻间发生争执时，她们一般不会主动认输，而希望丈夫先让步。所以，为了避免争吵的升级，做丈夫的可适时退步，满足她们的好胜心，这样对方很快也会停止争吵。

"婚姻是唯一没有领导者的联盟。"夫妻二人的关系，不是谁领导谁，谁凌驾于谁，而是需要彼此的信任和合作。试想，婚姻中一对陌路相逢的男女，要在同一屋檐下风风雨雨生活几十年，而且又有着各自不同的个性。当发生矛盾时，如果凭一时怒气、冲动行事，那很可能会因此毁掉了自己的幸福。"十年修得同船渡，百年修得共枕眠。"夫妻双方应珍惜这份来之不易的缘分，用理解和宽容的臂膀去拥抱彼此吧。

排雷日记

如果把恋爱比作花前月下的浪漫夜曲，那婚姻就是锅碗瓢盆的生活交响曲。交响曲虽说不像浪漫夜曲那样动人心弦，却也有着平凡而温馨

四 婚恋雷区——相濡以沫，荡平情路坎坷

的曲调。婚姻中的爱情渐渐会被生活的琐碎所湮没，彼此更多的是相互的守候，相互的扶持。在婚姻中仅仅守住爱情是不够的，还要用心去经营、去维系。

警惕婚外恋

打开电视，看看当下正热播的关于婚姻情感的现代剧中，几乎都是以婚外恋为主题。为什么会这样？难道婚姻情感就只有第三者插足、家庭破裂之类的故事可演吗？是为了赚人眼球，还是有依有据？这其实是从一个侧面反映了当今社会的一个婚姻状况——婚外恋。

某些夫妻，婚后感情冷淡，生活枯燥无味，甚至苦不堪言，但由于某种原因没有离婚，可这个家庭已经是名存实亡了。在这种情况下，人们需要精神上的抚慰，渴望得到情感的滋润，却得不到满足。于是，有些人便向婚外异性去寻找寄托，如果这种感情没有得到适时的控制，任由其发展，就会产生婚外恋。

30岁的何女士原本有一个幸福的家。她是成都某企业的销售员工，丈夫是企业的一名职工，孩子今年已经上初中了。但感觉婚姻平淡的何女士又迷恋上一位男子，而这名男子的背叛成了她挥之不去的愁烦。

在何女士26岁的时候，经人介绍认识了现在的丈夫。当时她家庭困难，加上年龄偏大，所以在父母的催促下就结婚了，由于和丈夫几乎没有什么感情基础，婚后生活很平淡，而且丈夫脾气不好，经常为了小事和她吵吵闹闹。

在一次朋友聚会上，何女士认识了一家公司销售经理李某。李某谈吐幽默、形象高大英俊，深深地吸引了她。随着时间的推移，两人慢慢地成了情人关系，何女士把所有的爱全部倾注在了这个高大英俊的男人身上。

他们的关系一直很好，何女士的丈夫甚至没有发现她的出轨行为，可是后来发生了一件让何女士很伤心的事情。她的情人在外面又和另外一个女人发生了同居关系，她知道后和那女人又大吵了一架，并且提出要和李某分手。但是李某多次打电话给她，请求再给他一次机会，何女士没有答应。其实她的内心非常矛盾，即使李某如此对她，但她心中依然还爱着他，心中始终放不下这段感情。

而对于丈夫，何女士始终心有愧疚，她担心纸里包不住火，总有一天会被丈夫发现。可是她为了儿子又不想离婚，于是陷入深深的痛苦之中。

在婚姻家庭出现危机的时候，不要以出轨这种方式来化解内心苦闷，如果你真的想寻求另一段婚姻，可以在结束前一段感情后再开始另一段感情，这样做是无可厚非的。如果以出轨背叛来让自己的感情得到释放，虽得到了一时的快乐，但最终会尝到背叛的苦果。

何女士现在已经尝到了这种行为给她带来的苦果，一个她爱的但却不爱她的男人，让她动了情，使她付出了代价，而她想要的东西根本不在这个人身上；至于她不爱的丈夫呢，虽然他们之间没有感情，但却还保持着夫妻关系。于是，何女士进退两难，只有在失望和痛苦中煎熬。

外遇是家庭生活的陷阱，是婚恋的雷区。那么要怎样才能防止外遇呢？

一、冲破平淡

爱情可以是天荒地老，但并不意味着一成不变。爱情是一条河，它的源头必须有充足的水源，才能永远流淌不息。爱情需要不断更新，需

四 婚恋雷区——相濡以沫，荡平情路坎坷

要不断注入活水，才能充满生机，连绵不绝。有的人在恋爱的时候总是千方百计想出各种点子讨恋人欢心，但是结婚后，却变得麻木无情了，这是导致夫妻感情冷漠的重要原因，而感情冷漠又是导致外遇发生的重要原因。婚姻虽然不同于恋爱的热情澎湃，但适当的波澜还是有必要的。适当给对方创造新的条件，甚至有的时候故意创造一些小插曲也行。总之，不要让生活太平淡无奇。你可以这样做：

（1）不在配偶身边时，只要有空就打电话给对方，问候对方、关心对方；

（2）在情人节和对方生日的时候，买一束玫瑰花和小礼物送给对方；

（3）两个人在一起的时候，不要只谈柴米油盐，可以多谈除此以外的话题，最好谈大家都感兴趣的话题，比如回忆回忆以前恋爱的美好时光；

（4）甜言蜜语不可少，多说我爱你，要让对方听到你对他（她）的爱；

（5）两个人在一起发生不愉快时，可以吵架，但是千万别动手。因为吵架除了可以宣泄情绪之外还可以让你知道对方现在的想法，是能够增进彼此了解的，对婚姻还是有益处的。事后，双方都应尽快忘记发生的冲突，不要耿耿于怀。而打架则是直接伤害对方，会对夫妻关系造成很大伤害，甚至连回旋的余地也没有了。

二、给对方一定的自由

哲人说过距离产生美。正如我们欣赏一幅画，太近了看着不大像画，太远了又看不清楚。只有不远不近，恰到好处，才能看出效果。夫妻间的相处之道也如此。虽然我们称道夫妻间心有灵犀，形影不离，其实夫妻间保持适当距离更甚于形影不离。因为给予彼此自由的空间，才不至于让双方感到压抑，才能活得轻松愉快。

(1) 每个人都有自己的过去，都有只属于自己而不愿被他人知晓的隐私（特别是曾经的恋情之类），如果你自己都做不到把你的隐私告诉对方，那就不要像挖掘机一样，非要把对方的隐私"挖"出来。

(2) 不要总以怀疑的目光问对方：你一天在忙些什么？到哪里去了？为什么回来这么晚？一次两次还可以，如果三番五次地这样问下去，即使没有问题，也会因为烦你的猜疑而出现问题。这样岂不是得不偿失？

(3) 不要看见自己的配偶和异性在一起，就轻易怀疑对方对自己的忠诚度。先把事情弄清楚再说，不要被一时的愤怒冲昏了头脑，也许那个人只是你配偶的同事或普通朋友。想想自己，是否也有和异性同事或朋友在一起的时候。

那么如果发生了外遇怎么办？

如果发生了外遇，一般是两种情况，要么离婚，要么宽恕。如果你不愿意离婚，那么你就只有选择第二种方式：宽恕。宽恕不是一件容易的事，最好要做好心理准备。可以从以下两个方面来安慰自己：

(1) 为家庭和孩子着想。人世间最珍贵、最亲密的感情也许就是夫妻之情，夫妻感情是维系家庭幸福的纽带。对于夫妻任何一方来说，还有什么比听到爱人背叛了自己还痛苦的事呢？但为了家庭的完整和孩子的身心不受伤害，相信这是配偶因一时的糊涂而做的错事，相信他（她）会回心转意的。

(2) 婚姻难免经历挫折。一项研究结果表明，结婚十年的夫妻，如果把纯粹的精神之恋也算上，那么有80%都发生过婚外恋。这是否说明对方对自己不忠呢？显然不能。这其实是婚姻过程中的必经阶段，它会随着时间的推移而慢慢消退。

那么到底是选择离婚还是宽恕呢？那就要看你和你配偶的态度了。如果你的配偶还在乎你，在乎这个家庭，而你也在乎他（她），那么你

四 婚恋雷区——相濡以沫,荡平情路坎坷

就应该原谅他（她），选择宽恕；如果他（她）不在乎你，不在乎这个家庭，既然他（她）的心已经完全地变了，即便你还爱他，选择了宽恕，也是无济于事的。不如选择离婚，放掉他（她），也放掉自己。

排雷日记

生活就像大海，家庭就像是一叶小舟，而婚外恋就是一个暗礁，它会阻碍小舟的航行，甚至让小舟破裂下沉。婚外恋大多出于自己的一时冲动，不妨回忆以前的美好时光，让自己冷静下来。此外，要充分意识到婚外恋的危害，它不仅会破坏自己原本完整的家庭，也可能会拆散别人的家庭，而且对子女的心灵伤害也是不可忽视的。

不要让冷漠划出一条心灵的"楚河汉界"

一般人可能认为一个好的家庭肯定是风平浪静、互敬互爱，不会有任何的争吵。而华盛顿大学的约翰·戈特门教授的一项最新研究表明，一个真正和谐的家庭并不总是风平浪静的，相反，伴随着断断续续的争吵。

很多夫妻在恋爱的时候如同一团熊熊燃烧的火焰，激情澎湃，而结婚后这团火焰就仿佛熄灭了、沉寂了，如同一撮死灰。听不到一点笑声，哪怕是一点争吵的声音也没有了。这其实是一种"亚婚姻"状态。下面是一位被亚婚姻困扰的王女士的独白：

我和爱人已经结婚有好几年了，我们的夫妻关系现在越来越冷漠。我爱人在单位大小也是个领导，在单位同事都说他和蔼可亲，平易近人。但一回到家里他又是另外一副面孔，不是坐在那里看电视，就是上电脑打游戏，有时整晚都不说一句话。从我家发出的说话声，要么是我和女儿发出的声音，要么是他和女儿发出的声音。

我们是自由恋爱结婚的，恋爱时，他多情浪漫，刚结婚时我们也感情融洽、如胶似漆。但自从有了孩子后，家务事比较多，我们开始吵架。我爱人比较老实，每次吵架时，我说得多，他说得少。到后来我发现，只要我们一吵架，他就一声不吭，坐到一边抽烟，理都不理我。几年下来，我发现我们之间出现了问题，夫妻之间越来越冷漠，现在他连架也都不和我吵了。

我觉得家中的气氛挺压抑的。有时下班了，我都不想回家。我曾经也强迫自己找话和他说，但他还是爱答不理的，就是理了也感觉两人谈不到一起，感觉很没劲。慢慢地，我也觉得实在没什么要和他交流的。

对于他的转变，我曾经怀疑他可能有外遇。但他每天下班就回到家里，也不像别的男人在外面花天酒地，深夜不归。但只要他回到家里，不是看电视就是打游戏，理也不理我，就像家中没有我的存在。我活得压抑，多少次想离婚，但想到女儿又不忍心。我想咨询心理咨询师，像我这样的情况该怎么改变现状？

婚后感情的降温导致感情的冷漠，往往会使婚姻进入一种不健康的亚婚姻状态。所谓"亚婚姻"，就是指某类人群有着法律意义上的婚姻，却没有正常的夫妻关系和完整的家庭生活，他们游离于已婚者和未婚者之间，他们有家，但好像又不是家。事例中王女士遇到的情况就是属于亚婚姻。

每对夫妻都渴望永远"情意绵绵"、"厮守到老"，但是婚前所梦想的美满生活，在度过一段爱情蜜月期后，就变得苍白无力了。现实生活告诉我们，浪漫是经不起时间考验的，浪漫恋情的平均寿命仅有两年。若时时刻刻幻想着当初的浪漫，那是很天真的想法。既然爱情过了浪漫

四 婚恋雷区——相濡以沫，荡平情路坎坷

的黄金期，那就要学会面对现实，婚姻不同于恋爱，恋爱多是精神层面的愉悦，而婚姻更多的是物质方面的操持。结婚后，双方都会感到一份压力，一份责任，于是把更多的时间放在了工作上，自然少了婚前的卿卿我我。所以，对于婚后的感情要有充分的思想准备和理性思考。

但这并不是说，婚后就可以"纵容"感情的冷漠，如果感情太过冷漠，那就会使婚姻亮起红灯了。冷漠是婚姻的杀手，是婚姻的雷区，那么要怎样才能避开雷区呢？

夫妻间的冷漠和言语交流密切相关，所以必要的言语交流不可或缺。幸福美满的婚姻需要夫妻双方共同经营，遇到生活中的小摩擦、小误会，夫妻之间要经常沟通予以化解，不可淤积在心，要经常维护婚姻以保证它良好运转。

有时一句肯定的话，赞美的话会让气氛温馨一些。比如，妻子在打扮时，你可以用欣赏的目光看着她，赞美一句："你今天真美。"话虽短，却让妻子感觉很温暖。

有时一句幽默的话也可以调剂冷漠的感情。一天，丈夫很晚才回家，妻子笑着说："你到现在才回来，你以为这是旅馆啊？想什么时候来就什么时候来。"丈夫不好意思地笑了。妻子正是用一句幽默的话委婉地批评了丈夫。

（1）给爱人送礼物

很多夫妻，尤其是妻子，明显感觉婚后的礼物少于婚前，这大概和感情冷漠有很大关系，婚前为了讨爱人欢心，总会千方百计送礼物表示自己的爱意，而婚后感情淡了，就觉得送礼物没意思了。所以，为了避免婚后的感情冷漠，适时为爱人送个礼物是很有必要的，尤其在对方过生日的时候送礼物，更让对方感到幸福的暖流涌上心头。

（2）安排娱乐活动

结婚后，夫妻各自忙于工作，每天要承受多方面的压力，有时感觉

身心俱疲，这时，其中一方可提出娱乐的建议，最好可以让孩子参与进来，这样既可以放松心情，又培养了家庭成员之间的感情。还可以借假期的机会，一起旅游休闲，重拾过去的感情。

（3）共同协作

一些家务事，夫妻可以一起做，比如做饭、拖地、洗碗等，不要让爱人独自一人去做，他（她）可能会觉得不公平，不做家务的情况一般发生在丈夫身上，丈夫认为自己忙了一天就该好好休息一下，其实，妻子操持家务也不容易，在回家后帮忙妻子做家务，会让她在感动之余，更加支持你的工作，从而加深了夫妻之间的默契。

（4）身体的接触

当你在赞美爱人的时候，可适当加入一些抚慰性的动作，如一个轻轻的吻，一个牵手，一个拥抱等。这样可以让爱人体会到你的爱意，从而加深彼此感情。

如果把生活比作一潭湖水，那么太过平静就会显得和死水一般，不妨激起一点涟漪，给生活一点情趣，给彼此一些放松。不要让冷漠拉开了彼此的距离，消融了曾经的爱意。

排雷日记

十年修得同船渡，百年修得共枕眠。夫妻能走到一起，来之不易，应珍惜这份感情，用心用情去经营这份感情。夫妻间适当的甜言蜜语不可少，适当的浪漫也不可缺。婚后感情不像恋爱时充满激情，但太过冷漠会在彼此间划出一条心灵的"楚河汉界"。

五 亲情雷区
——互爱互谅，穿破心灵隔阂

亲情不同于爱情和友情，它是由血脉维系的亲密关系。中国人历来重视血脉相连，薪火相传，自然也很重视亲情。亲情不需要像爱情和友情那样，需要花费很多时间去维持，亲情是一种血浓于水的关系，即使平时没怎么来往，但一方有难，另一方顾及亲情也会伸出援助之手的，这就是亲情不同于爱情和友情的地方。但这并不是说亲情就完全不需要花费一点精力和时间去维护，亲情同样需要精心呵护才能保鲜。

亲情虽然有先天的血缘基础来保障双方关系的牢固性。但手足相残、亲戚反目的事情也常发生在我们周围。如此说来，如何处理好亲情关系也是一大难题，原因就是亲情关系中暗藏很多的雷区，稍有不慎就会令亲情陷入尴尬境地。究竟处理亲情关系有哪些值得注意的雷区呢？

长辈更需要精神上的抚慰

　　孝敬长辈是中华民族的优良传统，数千年来，中国人一直都在继承并践行这个传统。《三字经》里有一句："能温席，小黄香，爱父母，意深长。"讲的是汉代一个叫小黄香的孩子孝敬父亲的故事。小黄香9岁时，不幸丧母，小小年纪便懂得孝敬父亲。每当夏天炎热时，他就手执蒲扇为父亲送凉，驱赶蚊子；在寒冷的冬天，他就先睡在父亲的床上，用自己的体温把被子暖热，再请父亲睡到床上去。

　　随着物质水平的提高，人们的平均寿命也随之提高，谁的家里没有一两个老人呢？"家有一老，如有一宝"，孝敬长辈是我们每一个人的义务和责任。然而孝敬长辈仅仅是让他们吃得饱、穿得暖就行了吗？

　　相信很多人都看过赵本山和宋丹丹的小品《钟点工》，在小品中，赵本山饰演的是一个被儿子接进城的老人，宋丹丹饰演的是一个陪人唠嗑的钟点工。以前在农村，有街坊四邻相伴，老人感到生活很自在快乐，而自打进了城，他就变得闷闷不乐，用他自己的话说，就是"睡得腰上疼，吃得直反胃，脑袋直迷糊，瞅啥啥不对。追求了一辈子幸福，追到手明白了。幸福是什么？答：幸福就是遭罪"。这是为什么呢？原来在城市里"没人说话，没人唠嗑""左右邻居谁都不认识我，突然自己变哑巴了不知道咋玩了？"虽然"要吃有吃，要喝有喝，儿子孝顺，媳妇没说"，但他还是觉得生活不快乐，儿子没办法，只好找了一个钟点工来陪他唠嗑。

　　事例中的现象应该说不是个别现象，而是很多老年人和家庭都面临的一个普遍问题。不可否认，人进入老年之后，会面临很多生理、心理或社会问题。比如：

五 亲情雷区——互爱互谅，穿破心灵隔阂

（1）失落感。有些人退休以后，摆脱了繁忙的工作，本以为可以得到很好的放松，却因无事可做产生失落情绪，就好像自己被社会遗忘了一样。再有，过去拥有的生活条件和人情关系也要发生一些变化，物是人非之感也容易唤起他们的失落情绪。

（2）焦虑心态。有些老年朋友年轻时精力充沛，加之工作比较繁忙，很少顾及自己的健康问题，等到了老年的时候，工作轻松了，面对心理和身体方面的一些变化，于是开始忧虑自己的健康问题。

（3）孤独感。当子女们一味地忙于工作，对老年人缺少关注时，老人们就会觉得比较孤独，如果这种孤独情绪不加以排解的话很可能产生抑郁情绪。因此，孝敬长辈不但要很好地承担对其应尽的赡养义务，而且要尽心尽力满足长辈在精神生活、情感方面的需求，即为老人提供更多精神上的抚慰。

重视精神的抚慰，能让长辈身心愉悦，生活快乐；而忽视精神上的抚慰是亲情的雷区，会让长辈独自承受心灵的孤独和寂寞，相信这是每个做儿女的都不愿看到的。那么在生活中，要怎样才能更好地孝敬长辈呢？

（1）要保证老人的基本生活

物质生活是精神生活的基础，加之老人进入晚年后，身体功能在各方面都有所下降，因此必须保证老人生活质量，所以必要的经济支出是不能少的。

（2）多关注老人的健康

平时要注意老人的饮食起居，引导他们进行健康的生活方式，定期为老人做一次健康检查。有了病要及时治疗，在治疗过程中，应该更多地陪陪他们，给他们信心和鼓励。

（3）送给老人最好的礼物是希望

哪个老人不希望自己的子女能出人头地、有所作为呢？作为子女只

有不断地努力工作，做出成绩，让老人为你的成功而感到自豪、感到骄傲。

（4）不要让长辈操心

孝敬长辈不在于多么"光宗耀祖"，只要能堂堂正正做人，规规矩矩做事，不让长辈操心，不给长辈脸上抹黑，就是对他们最好的安慰了。

（5）常回家看看

现在很多老人，虽然儿孙满堂，生活上不愁吃穿，不缺钱花，但是孩子们因为忙于工作，大多都不在身边，平时也很少见面，所以，在感情上他们最渴望的是能与亲人团聚。所以，逢年过节，只要有空，应该多回家看看父母，买些父母喜欢吃的东西，礼物不一定要多么贵重，但只要有那一份心意，父母也会满足的。哪怕回家陪爸爸喝杯酒，陪妈妈逛逛超市，对父母也是莫大的安慰。

（6）必要的问候不可少

严寒酷暑，打个电话回家问问父母的身体状况，顺便报告一下学习、工作、生活的情况；逢年过节，不能回家的，可以打个电话问候父母，送上节日的祝福。这些都是在精神上对父母的孝敬。

（7）要学会"哄"老人

俗话说："小小孩，老小孩。"人老了性格上也跟小孩一样，是需要"哄"的。"哄"就是在精神上要安慰他们，避免让他们动怒，不要让他们操心，不要让他们产生孤独感和失落感。要怀着一种宽容、理解的心对老人进行无微不至的照顾。

（8）丰富老人的业余生活

业余生活可以适当地排遣老人的孤独和寂寞，让他们的身心得到放松，从而增强他们抵抗疾病的能力。所以，作为子女，可以根据老人的爱好，找一些活动让他们参加，比如，专门为老年人设立的京剧团、书

五 亲情雷区——互爱互谅，穿破心灵隔阂

法协会、象棋大赛等；有空也可以陪老人散散步、打打牌，有条件的，带老人出去旅游一下也是一种消遣好方法，但要尽量考虑父母的身体状况。

孝敬长辈是中华民族的优良美德，也是每一个做儿女应尽的义务。孝敬长辈不仅要从物质上给予充足的保障，更要在精神上给予相当的慰藉。

排雷日记

我们成长的每一步都离不开长辈的眼睛，他们总是在背后默默地为我们祈祷和祝福。一生中，不知他们为我们的小病大灾熬过了多少不眠之夜；为我们成家立业耗去了多少汗水心血；可以说，他们为了养育自己的儿女付出了毕生的心力。所以，孝敬长辈是每个人义不容辞的责任。千万不要为了工作而忽略了长辈，也不要为孩子而冷落了长辈。孝敬长辈，既要物质上的无私付出，更需要精神上用心抚慰。

请不要怀疑母亲的爱

"书本带齐了没有，在学校里要听老师的话，不要和同学打架，你看你，脸上还有个黑点，来，我给你擦了，好了，上学路上要小心，过马路，要走人行道，绿灯亮了才能走。"

"好了，妈，我知道了，我要走了，上课快迟到了。"

"路上小心，放学早点回来。"

"知道了。"

看了这段话，你觉得熟悉吗？你觉得唠叨吗？这就是母亲，一个不辞辛劳，不厌其烦，对你付出无微不至关怀的人。也许，你还在为母亲的唠叨而烦心；也许，你还在为母亲的严厉而生气。但不管怎样，请不要怀疑母亲对你的爱。因为那是世上无私的爱，最不容怀疑的爱。

"我亲爱的儿子，我唯一的儿子，我多么希望你现在和我在一起，虽然我们远隔千里，但我不曾一日忘掉对你的思念。"当麦克南用颤抖的双手拿着这封尘封了60年的信后，不禁泪流满面。这是一个感人的故事。

事情还要追溯到1928年，麦克南的母亲只身移民纽约，把年仅4岁的他留在英国，托付给亲戚抚养。此后母子一直通过书信联系。1944年，麦克南报名参军，并于当年6月6日参加了诺曼底登陆行动。此后他又到荷兰参加反法西斯战争，直到二战结束才光荣退役，回到利物浦定居。

但让他难以释怀的是，无论是二战期间还是此后的几十年里，他再没有收到过母亲一封信。本来麦克南就觉得母亲对自己很冷漠，现在几十年没音信，更觉得被母亲遗忘了。因此60年来，这段感情一直成为他心头挥之不去的阴影。

出乎意料的是，有一天，麦克南突然接到荷兰一家博物馆的通知，称他们在整理收藏品时，在一个布满灰尘的盒子里发现了一批二战期间亲友写的信，其中几封正是他的母亲莫尔德女士写给自己的。麦克南这才明白，母亲一直都在试图与他取得联系，对于母子重逢更是望眼欲穿。

麦克南还得知，由于一直没有联系上自己，母亲还到过荷兰去打听自己的消息，但最终没有结果。母亲又回到了利物浦，并在当年自己居住的街道住了下来。1995年，老太太抱着终生的遗憾撒手人寰。这封迟到60年的信也让母子误会一生。麦克南悲伤地说，他握着那些泛黄的信纸，却没有机会对另一个世界的母亲说一句"我爱你"。

五 亲情雷区——互爱互谅，穿破心灵隔阂

虽然在临终前没有看到自己的儿子，但麦克南的母亲用一生的追寻演绎了母爱的伟大。虽然在有生之年，麦克南没有见母亲最后一面，但麦克南用眼泪表达了他对母亲的忏悔。

母爱就是这样，既平凡又伟大。它的平凡在于融关爱于生活的琐碎，它的伟大在于铸真情于短暂的一生。母爱就是这样，既平静又热烈。说它平静，因为她总是不计回报地默默付出；说它热烈，因为她总是一如既往地辛勤耕耘。母爱就是这样，如春风化雨一般，润物无声；如磐石立定一样，风雨不动。

怀疑母爱，是对母亲的巨大伤害，是亲情的雷区。那么，我们在生活中应怎样去感受母爱呢？

（1）适应母亲的叨唠

母亲心细，常为了生活的琐事操心。天冷时，她提醒你加衣防寒，天热时，她提醒你避晒防暑；出门时，她提醒你东西带齐；回家时，他提醒你路上安全。不论你身在何处，她都会为你担心，为你操心。随着年龄长大，我们学会了自己照顾自己，可是母亲还是一如既往地"唠叨"，你也许会烦，但千万不要生气，这是母亲的拳拳之情，要学会适应母亲的唠叨。

（2）不要轻易对母亲发脾气

由于母亲对子女生活上无微不至的照顾，有时不免弄巧成拙。比如，母亲看儿子的书桌太乱，想帮忙收拾一下，却不小心把一份重要的试卷丢进了垃圾箱，儿子知道后便大发雷霆，对母亲发脾气。母亲很无辜，本是帮忙却添了乱。生活中，对于母亲的无心之失，不要乱发脾气，因为母亲的出发点是好的，随意发脾气，会伤害母亲的心。

母亲的爱体现在生活的点点滴滴。母爱是人间最无私、最纯粹、最炙热的爱，我们在任何时候都不应该怀疑这一点。

排雷日记

母爱是一首歌：责备是低音，呵护是高音，牵挂思念是母爱的主旋律。不要再为了母亲的唠叨而向她发脾气；也不要为了母亲的严厉而对她怀恨在心。请你相信，这一切都是出于真心的爱，无论世界怎么变化，永恒不变的只有母爱。

用心去读懂父爱

父爱不像母爱那样显而易见，它需要用心去体会。相信，你还记得朱自清笔下那个穿着黑布大马褂，步履蹒跚地爬过铁栅栏为儿子买橘子的背影吧，它曾打动过无数读者的心。倒不是因为这篇课文有多么华丽优美的文字，而是因为这篇课文饱含着父爱的深情。如果说母爱是一条小溪，温柔而悠长；那么父爱则是一座大山，深沉而敦厚。这种爱，没有靓丽的包装，它是那样质朴无华；这种爱，没有甜蜜的裹挟，它是那样的含蓄深沉。如果你不用心去体会，你一定发现不了这种伟大的爱。

故事发生在匈牙利，莎琳是一个性格孤僻、胆小羞涩的13岁少女，很小的时候她的母亲就去世了。父亲凯恩在一家搬运公司工作，靠微薄的薪金把莎琳一手抚养长大。因为家境的贫困，莎琳常常受到别人的歧视和欺侮，这些都给她幼小的心灵投下了深深的阴影。久而久之，她对父亲开始心生怨恨，认为正是父亲的卑微才使她遭受如此多的苦难。

这天，凯恩由于工作出色而被允许休假一周。为了缓和父女之间的关系，凯恩决定带女儿去附近的山上滑雪。但不幸降临了，他们在雪地里迷了路，对雪地环境缺乏经验的父女俩惊慌失措。他们一边滑雪一边

亲情雷区——互爱互谅，穿破心灵隔阂

大声呼救，不想，呼喊声引起了一连串的雪崩，大雪把父女俩埋了起来。出于求生的本能，父女俩不停地刨着雪，历经艰辛终于爬出了厚厚的雪堆。父女俩挽着手在雪地里漫无目的地寻找着回归的路。突然，凯恩看见了救援的直升机，但由于父女俩穿的都是与雪的颜色相近的银灰色羽绒服，救援人员并没有发现他们。当莎琳醒来时，发现自己正躺在医院的床上，而父亲却不幸去世了。医生告诉莎琳，真正救她的是父亲。父亲用岩石割断了自己的动脉，然后在血迹中爬出十几米的距离，目的是想让救援的直升机能从空中发现他们的位置，也正是雪地上那道鲜红的长长的血迹引起了救援人员的注意。

在生活中，父亲一般不会像母亲那样唠唠叨叨，为一些生活琐事而操心，而是把更多的精力放在了工作上。但不要因此而认为，父亲是不爱自己的，其实父亲对子女的爱并不少于母亲。只是表达的方式比较含蓄和深沉而已。还记得吗？当你生病了，是谁把你背到了医院？这个人肯定是父亲；当你在学校里受欺负，是谁为你讨回公道？这个人也是父亲。当你犯了错误，是谁严厉批评并耐心教育你，这个人还是父亲。有的人说父亲太严厉，殊不知"严是爱，宽是害"，你又何尝体会到严厉背后那一片望子成龙、望女成凤的苦心呢？有人说，父亲太沉默，不好沟通，你又何尝体会到父亲沉默背后为生活奔波的劳苦呢？

父爱是一本书，没有读懂父爱，就可能对父亲产生误会和矛盾，这是亲情的雷区。那么，我们应该怎样去体会父爱呢？

（1）宽容父亲的严厉

有的时候父亲很敦厚，像一座山，踏实可靠；可有的时候，父亲很严厉，像一阵雷，气势汹汹。当我们犯了错的时候，父亲可能不会像母亲那样，细心安慰，而是给予严厉批评，不要怪父亲，这严厉背后其实饱含着一份"望子成龙"的辛酸。如果不能体会这份辛酸，可能就会

139

因为父亲的严厉而和父亲产生矛盾。

（2）理解父亲的沉默

父亲担着整个家庭的重任，为了家庭，父亲夙兴夜寐，栉风沐雨，即使受了再多的苦和累，也从不在子女面前提及。苦了，无非是点燃一支香烟；累了，大不了倒头就睡。不要以为父亲是麻木不仁，漠不关心，其实，他们在用沉默来为自己疗伤。

所以，我们不要误会父亲的严厉，不要责怪父亲的深沉。于是，他们常常用沉默来为自己疗伤。用心去体会父爱，你会发现那沉默背后动人心弦、感人肺腑的故事，这是一个为了子女无私奉献的故事，这是一个为了家庭吃苦受累的故事，这是一个有泪不轻弹的强者的故事。

排雷日记

高尔基说："父爱是一部震撼心灵的巨著，读懂了它，你就读懂了整个人生。"确实，父爱是一本难懂的书，要读懂父爱，不仅要用情，更要用心。用情去读，就要体会父亲付出的无私；用心去读，就是要感悟父亲付出的艰辛。当你真正用情和心去体会了父爱，那么你就真正读懂了父爱。

溺爱孩子是害了孩子

或许是因为父辈们曾经遭遇了太多的艰辛和苦难，所以当他们有了下一代，他们不希望自己的孩子"重蹈覆辙"，恨不得把全部的爱都给孩子，生怕他们受到一点委屈。可怜天下父母心，在我们理解这份苦心的同时，我们不禁要问，这真是为了孩子好吗？

父母关心孩子是无可厚非的，但如果这种关心过了头，就会变成一

亲情雷区——互爱互谅，穿破心灵隔阂

种溺爱。溺爱是一种不正常的、放纵而褊狭的爱。溺爱会导致孩子情感的泛滥和私欲的膨胀，会和社会对他的需求越离越远。

小波生活在一个富裕的家庭中。因为是中年得子，父亲和母亲百般疼爱小波，把唯一的希望寄托在了他的身上，所以不管小波有什么要求，父母总是千方百计地满足。于是，从小小波就养成了好逸恶劳、衣来伸手饭来张口的习惯，在家里自己俨然是一个"小皇帝"。上学后，小波把在家里养成的不良习惯带进了学校，经常欺负同学，受不得一点委屈。有一次，他拿了同桌的铅笔不还，还和同桌打架。父亲得知这件事后，本想好好教育他，可是，小波的祖母却充当了他的"保护伞"，使得这次教训的机会轻描淡写地过去了。从此，小波明白了，不管自己犯什么错，总有一个人是站在自己一边的，那就是自己的祖母。于是，更加地恣意妄为了。上了初中，由于学校实行封闭式管理。小波一周只回一次家，为了不让小波受一丁点委屈，父母给了他很多零花钱。在学校里，小波出手阔绰，小小年纪就学会了吸烟、赌博。根本没把心思放在学习上，经常违反校纪班规。学习成绩也一塌糊涂，鉴于此，老师请来了家长，汇报了小波在学校的表现。小波的母亲简直不敢相信，小波在学校竟如此堕落。为了教育小波，学校建议家长领孩子回家。回家后，母亲很生气，扇了他一个耳光，这一扇不要紧，竟惹急了小波。他转身就跑了。离家出走后，家里人到处寻找其下落。多天后，警察局打来了电话，说小波犯盗窃罪，被依法刑事拘留了。原来，小波离家后，就和自己平日的几个哥们儿吃喝玩乐，钱用完了后，就去偷别人的东西，后来被发现了。这给了全家人一个沉重的打击。

小波是家里的独生子，从小过惯了寄生虫一样的生活。在家里，他衣食无忧，有求必应，从未体会到劳动的艰辛和生活的不易。于是，他养成了以自我为中心，挥霍浪费的习惯。吸烟赌博，吃喝玩乐使他荒废

· 141 ·

了学业，最终走向了犯罪的道路。

可见，溺爱对孩子树立正确的人生观、价值观是非常不利的。溺爱无疑是亲情的雷区。那么，在与孩子相处的过程中，有哪些问题需要注意呢？

（1）搞特殊待遇

有的家庭，特别是独生子女家庭，往往把孩子当神一样供奉。在家里他们的地位高高在上，处处受到特殊照顾。如吃"独食"，好的食品放在他面前供他一人享用；做"独生"，爷爷奶奶可以不过生日，孩子的生日必须过，过就得买大蛋糕，送好礼物。这样很容易让孩子自感特殊，习惯高人一等，必然变得自私自利，没有同情心，不会关心他人。

（2）地球围绕太阳转

一家人时刻关照他，陪伴他，就像地球时刻围绕太阳转一样。逢年过节，亲戚朋友来了，往往嬉笑逗引个没完，有时候大家还要围坐在一圈，一再欢迎孩子表演节目，掌声不断。这样易造成孩子时刻以自我为中心，不懂得关心他人的感受。

（3）得来全不费工夫

有的家庭，特别是比较富裕的家庭。孩子要什么就给什么，孩子很容易就得到了满足。这样容易养成孩子不珍惜物品、贪图物质享受、浪费金钱和不体贴他人的不良性格，并且毫无奋斗意识和吃苦精神，这对以后进入社会，独立生活有很大的坏处。

（4）不注重良好生活习惯的培养

良好的生活习惯和学习态度对孩子的一生有着重要影响，而有些家长一味溺爱孩子，不注意这些问题。对孩子的一些不良习惯视而不见，如睡懒觉，不吃早饭，熬夜游戏等，这不仅对身体健康有害，也会影响正常学习。

(5) 在原则面前的妥协

真正良好的教育方式应该是宽严相济。一味地严厉，会压抑孩子的个性；一味地妥协，会助长孩子的嚣张。如果你的孩子拿了别人的东西，就应该要求他还回去，并向人赔礼道歉。而不是像哄孩子吃饭一样，以答应给孩子讲3个故事才把饭吃完这样的妥协方式来与孩子交流。在原则面前，应该讲道理而不是用"哄"，"哄"只会让他忽略自己的错误，而不是正视自己的错误。如果不用道理来点拨他、教育他，说不定他下一次还会拿别人的东西。

(6) 包办代替

由于家长的溺爱，三四岁的孩子还需要人喂饭，还不会自己穿衣，五六岁的孩子还不会做任何家务事，不懂得劳动的艰辛和帮助父母减轻负担的责任，这样包办下去，必然养成了孩子饭来张口衣来伸手的不良习惯，不利于孩子的独立成长和将来独当一面。

(7) 把孩子当成金娃娃

本来孩子摔跤、生病都是一些正常现象，可有的家长却表现得惊慌失措。摔个跤也要去照片，生了病则更不得了，一家老小跑上跑下，争着到医院去看护。有的家长甚至为了绝对安全，不让孩子走出家门，也不许他和别的小朋友玩。还有些做爷爷奶奶的干脆当起孩子的"小尾巴"，时刻不离地跟着他，搂着他睡，抱着他笑，生怕这个金娃娃有一点的伤害。这样培养出来的孩子会变得胆小无能，缺少自信心。

(8) 充当保护伞

有时爸爸管孩子，妈妈护着："别吓着他，他还小呢。"有的父母教育孩子，爷爷奶奶会站出来说话："你们不能要求太急，他大了自然会好；你们小的时候，还不如他好呢！"这样让孩子有了"保护伞"和"避难所"，很可能造成孩子不能对问题的严重性引起重视，只会更加为所欲为，因为每次犯了错，都有人帮着他，护着他，他还怕什么？其后果不利于孩子认识错误，改过自新，只会让孩子错上加错。

可怜天下父母心，关心孩子是可以理解的，但如果不注意方式方法，就会让关心变成了溺爱，结果只会害了孩子。

排雷日记

孩子是家庭的希望，祖国的未来。父母关爱孩子的心情是可以理解的，但如果因此而过度，成了溺爱，那就是害了孩子。一个永远在襁褓中靠寄生的雏鹰，它是永远也不能翱翔在蓝天的。学会放手，适当给孩子一些空间，让他自由去成长；学会狠心，适当给孩子一些苦难，让他去体会生活的滋味。"父母之爱子，则为之计深远。"溺爱不是真正地爱孩子。

怎样与孩子沟通

怎样与孩子沟通，是很多家庭都面临的难题。很多家长在教育孩子方面，不懂得怎么和孩子沟通。要么"棍棒下面出孝子"，动辄付诸武力；要么关爱过度成了溺爱，对孩子百依百顺。这都不是理想的教育方式，是不能达到很好的沟通目的的。

张女士找到了班主任，想谈谈女儿的问题：她觉得和女儿的关系越来越僵硬了。以前，她们母女之间虽然话不多，但关系还说得过去。但自从上次的一件事后，一切就降到了冰点。王女士不喜欢女儿和男孩子有过多的来往，恰巧那天，有几个同学到家里邀请女儿去给一个男生过生日，张女士当时很气愤，骂了那几个同学，丝毫没有顾及女儿的感受。从那以后，女儿就变了，虽然很少有同学来家里找她，但她总是主

五 亲情雷区——互爱互谅,穿破心灵隔阂

动出去找同学玩,经常很晚才回来,张女士很担心出什么事。那天女儿又是很晚才回来,张女士于是就质问女儿为什么回来这么晚,没想到这一问,反而点燃了她的愤怒之火,竟和张女士吵了起来。张女士真是不知道怎样和女儿相处。

班主任老师听了张女士的倾诉,并为她分析了原因,确定是她们母女俩在沟通上出了问题。于是,建议张女士静下心来,平心静气地和女儿谈一谈。

其实,很多时候,出现和孩子沟通难的问题,并不只是孩子的问题,家长也有责任。家长和孩子之间的沟通就像是推开一扇心灵之门,如果家长以专制、粗暴、不理解的态度来对待孩子就会让沟通之门关闭。那么,在与孩子沟通方面有哪些方面需要注意呢?

(1)谈话时机、场合不恰当

有些家长和孩子谈话时,不分时机和场合。如果在孩子正在思考问题,或是心情不好的时候找孩子谈话,谈话的效果会非常差,甚至产生抵触情绪。如果在大庭广众下揭露孩子的缺点或是评判孩子,则会伤害孩子的自尊心,同样不会达到很好的沟通效果。所以,家长可以选择孩子心情平静时与其谈话,而谈话的地点尽量在家里,也可以在公园的长凳上,或是在一家安静的餐馆,反正要避免大庭广众之下对孩子横鼻子瞪眼。

(2)说话方式不当

言语在交往中起着决定作用。一次成功的谈话,应该是平等和睦,轻松愉快,这样才能达到很好的沟通效果。和孩子谈话也是如此,切忌言语强硬,冷嘲热讽。如"你错了,听我的""以后绝对不允许这样""这点事都办不好,有什么用"这类的话很容易招致孩子的反感。因此,与孩子交流时,要放下家长高高在上的身段,尽量用平和的语气和孩子交谈，先指出孩子的问题，再提出自己的建议。但不要只顾着自己说话，也要给孩子发表意见的权利，让他们把心里的真实想法说出来，这样坦诚相待，才能达到自己教育引导孩子的目的。

(3) 没有养成沟通的习惯

很多家长因为忙于工作，很少与孩子交流，这样任由孩子"发展"，久而久之，不但孩子会出现生活学习方面的问题，而且家长和孩子之间也会逐渐拉开距离，产生隔阂，那时，再去和孩子沟通就会更困难了。所以，无论家长有多忙，还是要尽量抽出时间多陪陪孩子，关心他们在生活学习中的困难，特别是心理方面的问题。及时沟通，为他们排难解惑，促进孩子健康成长。

沟通是言语的交流，是心灵的碰撞。并不是所有的沟通都能达到预期的效果，尤其是与孩子的沟通更要讲究技巧和方法。

排雷日记

促进孩子健康成长是每个家长的愿望和责任，良好的沟通可以打破家长和孩子之间的隔膜，让家长和孩子和谐相处。而良好的沟通需要建立在平等理解的基础上，在合适的时机、合适的地点、恰当的语言下进行，方能取得良好的沟通效果。

如何处理与亲戚的关系

亲戚是由血缘关系或亲缘关系维系起来的一群具有亲密关系的人。当我们遇到困难，首先想到的是找亲戚帮忙。俗话说"不是一家亲，不进一家门"，作为亲戚，一般都会伸出援助之手。

另一方面，我们也应该看到亲戚关系的复杂性，其主要表现在亲戚

亲情雷区——互爱互谅,穿破心灵隔阂

之间存在多种差异,如经济、地位、财产、权力等。这些差异既可能成为彼此交往的原因,也可能成为彼此产生矛盾的原因。

张女士是外省人,老公是本地的。在广州,他们有着一套房,可是很小,平时一家三口住着也刚合适。张女士娘家的亲戚很多在广州打工,隔三差五就来她这里走亲戚,刚开始,看到这些亲戚感觉很亲切,可渐渐地接待这帮亲戚成了张女士很矛盾的事。不接待吧,说不过去,毕竟是亲戚;接待吧,又嫌麻烦。每次接待他们,都要大办酒席。吃倒是没什么,气人的是,亲戚们来得轻松也就罢了,走得更轻松——从不帮她收拾碗筷、擦擦桌子。每次吃完了,拍拍屁股就走了。这样一来二去,她老公一脸的不高兴。因为屋子窄,每次老公的爸妈要求来,老公都婉言拒绝了。而现在,张女士这帮亲戚一点也不体谅她的难处,给她的生活造成了很多的不便,而且还影响他和她老公的夫妻感情。

亲戚关系和其他关系一样,要保持一定的距离,如果交往过密,反而会疏远彼此的关系。张女士的亲戚就犯了这个错误,招致了张女士的厌烦情绪。其实,亲戚在交往中也存在一定的规律,如果不遵循这些规律就会进入亲情的雷区,那么究竟有哪些雷区需要注意呢?

(1) 经济往来

亲戚之间关系再亲密,也要把经济往来弄清楚,不要弄成一笔糊涂账。为了经济利益而发生亲戚反目成仇的事是屡见不鲜的。比如亲戚之间常常把财物往来当成表达自己心意和特殊感情的方式。有时是出于救急,有时是出于感谢,有时纯粹是赠送,情况不同,但都体现了亲戚之间的特殊关系。你作为受益的一方对亲戚的慷慨行为表示衷心的感谢和赞扬是必要的。所谓礼尚往来,你也应该有所表示。如果你把这种支持和帮助看成理所应当,不作一点表示的话,就会让对方心中不快,必然影响彼此的关系。

另一方面，对于必须归还的钱物，同样是不能含糊的。不能因为双方的感情深，就无须斤斤计较了。这是因为亲戚之间也有各自的利益，必须把人情和钱财分清楚，不能混为一谈。如果不是对方明言赠送的，那么，所借的钱物该还的要按时归还。有的人不注意这个问题，以为亲戚的钱物用了就用了，对方是不会计较的。这也许只是你一相情愿的想法罢了，你不是他，你怎么知道他不会计较。

对于来自亲戚的帮助要适时给以回报，这不仅是为了加深情感，更是为了报答对方的帮助。如果忽视了这种回报，同样会得罪人。可见，亲戚之间的钱物往来，既可以成为密切感情的因素，也可能成为造成矛盾的祸根，就看你如何处理。

（2）地位差别

亲戚之间应本着平等相待，互相尊重的原则，不能以贫富贵贱认亲戚。在亲戚交往中，攀富结贵、嫌贫爱富的现象比较常见。有的人对家境富裕，有钱有势的亲戚献尽殷勤，而对家境清贫的、无权无势的亲戚则泼尽冷水。这是传统的、落后的等级观念在人们头脑中的折射。交人贵在交心，亲戚之间又何尝不该如此呢？

"天有不测风云，人有旦夕祸福"，今天的穷亲戚很可能成为明天的富亲戚，而今天的富亲戚也可能成为明天的穷亲戚，谁又知道将来的事呢？不要让今天冷漠别人的高傲而成为明天别人冷漠你的口实。

（3）帮忙也要有原则

亲戚间不是什么忙都可以帮的，必须坚持原则性。现在不少人办事喜欢拉关系走后门，其中靠亲戚关系是走后门的一种重要途径。如果是一般性的帮忙倒也没什么，就怕是涉及违法乱纪的事。当亲戚之间的交往发展到这种地步时，说明正常发展的亲戚关系已经受到了社会歪风的"污染"，必须尽快"刹车"，回到正轨上来，否则亲戚各方都会受到伤害。

五 亲情雷区——互爱互谅，穿破心灵隔阂

（4）不要太随便

亲戚间虽然关系不同寻常，但也不能因此太随意。比如，有的人在亲戚家一住就是一年半载，虽然亲戚没有下"逐客令"，但心里必定有几分不满。有的人到了亲戚家，一点也不像是客人，反而像主人，想看电视就随意打开，想睡觉就一下躺到别人床上去。这些行为同样容易让亲戚感到不悦。所以，到了亲戚家做什么事之前，最好先征求一下亲戚的意见，不要反客为主，给亲戚带来麻烦。

有的人把在家里养成的一些不好的习惯，带到了亲戚家，也是容易招致亲戚不满的。如乱扔烟头、乱吐口痰等。总之，在亲戚家不要太随意，要考虑到亲戚的正常生活，如果你影响了他们的正常生活，可能下一次，他就不会欢迎你去了。

（5）不要临时抱佛脚

有的人认为平时主要是抓工作，如果大家聚在一起并无多少正事，而只是聊聊天而已。那就太浪费时间了。因此，他们不想串亲戚。

但凡事不可走极端，如果忙得三年五载也没空与亲戚见上一面，这又太过了。至少逢年过节应该去亲戚家走动走动，谈谈生活、拉拉家常，也是一件乐事。何况每个家庭都可能发生某些困难，这时亲戚常常成为帮助你渡过难关的重要力量。所以，亲戚间不能太疏远，要保持一定的联系。

所以，不要以为是亲戚就亲密无间了，亲戚之间也有彼此需要注意的雷区。

排雷日记

亲情是人生一份宝贵的情感，他不同于爱情和友情，它是血浓于水的特殊关系，而亲戚便是这种关系的体现。怎样保持同亲戚之间的良好关系，不仅关系到多个家庭的和谐，也是关系到血脉传承的衔接。相

信，通过对以上雷区的分析，你会进一步了解亲情，也能更好地处理你与亲戚之间的关系。

如何处理妯娌关系

妯娌关系是指两兄弟的妻子之间的关系，妯娌关系，其实是兄弟关系的一个延伸。因为兄弟的原因让两个素不相识的女人产生了关系，这就是妯娌关系的特殊性，它们之间是不存在血缘关系的。在中国人的传统观念里，妯娌之间的关系和婆媳间的关系一样难处，妯娌关系的好坏直接影响着全家的家庭气氛。

李梅两口子与老公的哥嫂住在一起，因为老公工资比较高，他主动承担了所有的杂费（物业、水、电、米、油等）。虽说当时李梅不怎么赞成，但老公是个重情义的人，非要帮扶自己哥哥一把。李梅知道老公的脾气，认定了的事就不会轻易改变，于是也没作过多的计较。日子就一天一天地过去了，两家人也处得很和睦。但后来，老公经常回家很晚，总说自己工作忙。李梅对老公产生了误会，怀疑老公在外面有了外遇，为此吵了几次架。李梅其实是刀子嘴豆腐心，她心里不相信老公在外面有外遇，只是认为老公有点偷懒，自己虽说没上班，但一个人天天在家里忙里忙外，也不轻松，而他却不闻不问，所以才发脾气，并不是针对自己的哥哥和嫂子。可是嫂子却因此对李梅产生了误会，认为李梅是在指桑骂槐，表示对自己的不满，甚至到婆婆那里去说李梅的坏话，也让婆婆对李梅有了意见。弄得李梅不知道如何是好，她想这本是自己和丈夫的一点矛盾现在已经转化成了自己和嫂子、婆婆之间的矛盾。

妯娌们从不同的家庭走进了同一个大家庭，其生活习惯、性格爱好等难免存在差异,有的差距很大。这很容易造成一些误会和矛盾。事例中的李梅是一个"刀子嘴豆腐心的人",如果嫂子能了解这一点,也就不会"说者无心,听者有意"了。妯娌关系是家庭的重要关系,处理好妯娌关系不仅需要当事人双方共同努力,兄弟双方也应担起责任。那么如何防止并改善妯娌之间的紧张状态?

(1) 妯娌之间重在谦让

妯娌虽说是两个或几个没有血缘关系的人,但毕竟成了一家人,一家人就应该相互谦让,和睦相处。不要为了一些小事就闹矛盾,闹了矛盾还要争个你死我活,如果都想讨便宜占上风,那就会出现针尖对麦芒的局面,结果必然会把关系搞僵。一家人抬头不见低头见,把关系搞僵了又何必呢?俗话说:"你敬我一尺,我敬你一丈。"相信,你的大度谦让,别人也不会不知趣的。

(2) 不要斤斤计较

妯娌相处,凡事大肚能容,不要斤斤计较。在生活上大家可以相互帮助,相互照应。吃一点亏没什么大不了,干点重活累活不算什么,权当锻炼身体了。只要妯娌间能和睦相处,也就为家庭的美满增加了一份力量。特别在农村,妯娌们大多都住在一起,不要"各人自扫门前雪,莫管他人瓦上霜"。家里公共场所的卫生,有空时应主动打扫;家里有人生病,应主动帮助照顾。公婆为对方买东西,也不要去打听、更不要妒忌。妒忌是妯娌相处的大忌。

(3) 不要死要面子,主动化解矛盾

有些妯娌间产生了矛盾就"老死不相往来",弄得一家人见面就像仇人见面一样分外眼红。其实,只要其中一方能退一步,矛盾就会很快得到解决的。有这样一对妯娌,原先相互之间有隔阂,特别是弟媳的意见很大,连兄嫂家的门槛都不跨。后来,弟媳生小孩的时候,兄嫂主动热情地去探望弟媳,还悉心照料护理,为胖侄子做了新衣服。弟媳很受感动，原来的成见也在无形之中消失了。

（4）帮助妯娌解决矛盾

妯娌之间有矛盾，做兄弟绝不能袖手旁观，更不要火上浇油，这样只会令问题越来越复杂化，矛盾越来越激化，不利于家庭的和睦团结。做兄弟的要多做妻子工作，告诫妻子要以家庭和睦为重，不要斤斤计较，要相互理解，相互包容。如果妯娌间出现了矛盾，兄弟间应及时沟通，商量对策，尽量把大事化小、小事化了。必要的时候，还可以和父母商量，相信在大家的共同努力下，一定能解决好妯娌之间的矛盾。

在一个大家庭里，妯娌关系和婆媳关系一样，同样关系着家庭的和睦。家庭和睦是每一个家庭成员的责任，妯娌间应该有这种责任意识和以大局为重的意识，凡事多一点宽容和理解，相信就会多一些温馨和和谐。

排雷日记

家庭好比是一艘在大海里航行的船，每个家庭成员都是一个舵手，只有大家相互团结，相互合作，才能战胜一个又一个的风浪，保证船的稳定航行。妯娌之间的矛盾历来是影响家庭和谐的重要因素，所以处理妯娌之间的关系至关重要。处理好妯娌之间的关系，需要当事人各方顾全大局，互相尊重，互相理解，互相宽容。也需要家庭其他成员的共同努力，特别是兄弟间要做好沟通的桥梁，及时帮助化解误会和矛盾。相信在当事人各方和全家人的共同努力下，一定能很好地解决妯娌矛盾，促进家庭成员之间和睦相处。

六 友情雷区
——有进有退，保守情义的距离

俗话说："在家靠父母，出门靠朋友。"朋友在一个人的一生中扮演着重要的角色。朋友是孤独时陪你说话的影子，朋友是困惑时帮你开解的钥匙，朋友是危难时帮你渡过难关的助手。也许天天和朋友生活在一起，你发现不了朋友的重要性，但离开了朋友你恐怕寸步难行。好的朋友无疑是人生的推手、人生的榜样、人生的导师。然而"坏"的朋友却是引诱你堕落的销魂汤，玷污你灵魂的腐蚀剂。所谓"近朱者赤，近墨者黑"，不得不防。

交朋友是一门学问。如何交到好的朋友？如何和朋友相处？如何远离损友？这里面有哪些危险的雷区，这都是值得注意的。

友情需要灌溉

在茫茫人海相遇，成为了朋友，就应该珍惜这来之不易的缘分，俗话说："常用的钥匙有光泽。"因此，我们平时一定要注意和朋友保持联络，交流感情。友情就像一棵树，需要随时灌溉，不然它就会枯萎。

小高的朋友比较少，算得上知己的也不过两三个，其他一些不怎么亲近的朋友远在他乡，平时很少联络。要说这些同在一座城市的"哥们"还是上大学时建立起来的深厚友谊。刚毕业的时候，大家还多少有些留恋，平时有空就打个电话，或是在网上聊聊天，彼此问候一下。可时间长了，大家也不再热衷于打电话或上网聊天了，可能是因为工作忙的原因，或者是家庭的原因，反正联络很少了。小高想，既然大家都忙，那我也不好打扰了。于是，由一个月一次电话，变成了两个月一次电话，到后来干脆一年一次，只是发个短信道一声新年快乐，如此而已。有一次，小高要去外地出差，很想得到外地一个朋友的帮助，可是，那个朋友有好久没联系了，突然冒昧请求帮助，不知道人家乐意不。小高犯了难，但最终还是拨通了电话打了过去，不料，电话那头却不是自己的朋友。原来，自己的朋友已经换号了。小高这才后悔了，只怪自己平时不注意与朋友保持联系，如今正需要朋友的帮忙，却投石无门了。

在人际交往中必须重视感情投资，投资能不断增进彼此的感情，能增进彼此的互信，才能长期保持互利互惠的关系。投资感情就像是存钱，投得越久，利息也就越多。今天你卖了个人情给别人，投桃报李，他日，别人也一定会回报你这个人情。

友情雷区——有进有退，保守情义的距离

研究者表明，一个人的成功小部分靠的是自己的智慧和胆量，而大部分靠的是人脉关系。一个成功者无不具有广泛的人际网，一个人际网应该是包含各种各样的人，这样才能从不同角度为你提供帮助。不要忽视你的任何一个朋友，也许他会在将来某个时刻发挥重要作用。

一般来说，人际关系好的人容易成功，因为有很多机遇就是在交往中抓住的。有时，朋友间一句无意的话，可能给你提供一条成功之路。小赵在同学聚会上听一个行医的朋友说，现在医学上正在用蛇入药，用来治疗风湿病，可是市场上蛇的供应量不足。于是，小赵抓住这个机会，继续向朋友打听关于这方面的问题。回去，他开了一个养蛇场，专门养殖各种蛇，远销东南亚、欧洲等国家和地区。不到一年，收入近百万。小赵的成功，正是由于朋友为他提供了信息和门路，让他获得了成功的机会。

所以，我们要重视朋友关系，要随时保持这种关系，不要"闲时不烧香"，等事情到了眼前，才"临时抱佛脚"。那么，我们应该怎样灌溉我们友谊的土壤呢？看看下面的建议，希望对大家有所借鉴：

（1）通讯联系

通讯联系是朋友间联系的主要方式，也是适时通过联系巩固友情的重要方法。你可以记住一些重要的日子，比如在端午节、中秋节、春节等，不要忘了给朋友捎去一声问候，最重要的是记住朋友的生日，在生日这天要表示你的问候，哪怕是一个短信、一张贺卡，都会令朋友感到十分的温馨。平时的联系不只是捎去祝福，应该询问朋友的近况，如果他高升了，则应该恭喜他，如果他遇到了困难和麻烦，则应该给予安慰和鼓励，如果可能的话，可以主动提出帮助朋友一臂之力的愿望，这是对朋友最好的支持。

（2）利用出差的机会与朋友会面

如果你要出差的地方离朋友很近，可提出与朋友共进午餐或晚餐的

· 155 ·

请求，当然前提是自己和朋友都有空余时间，如果朋友没有空余时间，那就不要强求，以免耽误了朋友的工作。

（3）爽快接受邀请

当朋友邀请你参加一些派对，如升职派对、儿子结婚，或生日等，你能去就不要拒绝。去时，别忘了送上自己的一份礼物。

（4）尽力弥补冷淡的友情

彼此在茫茫人海相遇，应珍惜这份缘分和情谊，不管是由于时间的流逝还是地域的相隔，造成了彼此感情的冷淡，只要你觉得这份友谊值得挽留，就应该尽力去弥补感情裂痕。可以通过打电话或写信的方式来做自我检讨，求得对方的谅解；必要时，可以登门拜访，畅叙昔日情谊。

排雷日记

人们往往重视金钱的储蓄，有了金钱的储蓄，心里就变得踏实了，因为随时想用，随时都可以取；同样的道理，如果我们有了一笔人情的储蓄，也可以做不时之需。如果你的人情卡上一文不名，那么你就注入一些人情吧；如果你的人情卡上出现了负数，那就说明你付出太少了，同样需要注入人情；如果你的人情卡有丰富的现金，那就继续保持吧，相信有一天你会得到回报的。重视友情，舍得为自己的人情卡上注入资金，你才会有丰厚的利息。

友情中的"刺猬法则"

在一个飘雪的冬日，森林中有两只刺猬冻得发抖。为了取暖，它们只好紧紧地靠在了一起，却因为忍受不了彼此的长刺，很快就各自跑开了。可是天气实在太冷，它们又想要靠在一起取暖；然而靠在一起时的

六 友情雷区——有进有退，保守情义的距离

刺痛，又使它们不得不再度分开。就这样反反复复地分了又聚，聚了又分，终于找到了一个合适的距离，既能取暖，又不被彼此身上的利刺所伤。这就是所谓的"刺猬法则"，也就是人际交往中大家常说的"心理距离效应"。

我们做任何事情都要讲究分寸，交友也一样，要保持适当的距离，如果不注意分寸，就会像刺猬取暖一样，伤害了彼此。

小王早就知道好友小张大大咧咧，不拘小节的特点，刚开始还以为这是男子汉豪放粗犷的表现，甚至还有些埋怨自己什么事都喜欢计较、喜欢算计。后来，小张通过小王的介绍，到了他们公司，两个好朋友一下子形影不离了，吃饭、喝酒、打球经常在一起。但是不久，小王便厌倦了这种生活，在他眼里，小张原来的优点不知怎么都变成了缺点。原来认为的豪放粗犷，现在看来却是粗心大意，不为他人着想。比如，每次吃饭，小张都会点一桌子的好酒好菜，但每次都没吃完，而且每次结账都是小王结。虽然小张当时说过后补给他，但往往不了了之。一开始，小王还不怎么介意，可时间长了，小王心里就有疙瘩了，一次吃饭时，小王终于忍不住表达了自己的不满，使两人关系蒙上了阴影。可小张觉得小王太小气了，不够朋友。

"一个篱笆三个桩，一个好汉三个帮。"在生活中是不能少了朋友的。朋友是相互关心、相互帮助的，但又相互独立。事例中的小张没有看清这一点，他过于依赖朋友，与朋友走得太近，踩了交友的雷区，所以失去了友情。

与朋友走得太近是交往的雷区，那么要怎样避免呢？

（1）君子之交淡如水

与爱情相比，友情少了几分甜蜜；与亲情相比，友情少了几许温

馨。如果视爱情如美酒,亲情似浓汤,那么友情就像一杯白开水,虽然无味,但当你口渴难耐的时候,你或许需要的不是美酒,也不是浓汤,而是一杯淡淡的白开水。

友谊就是这样,它无须背负海枯石烂的誓言,无须酝酿朝夕相处的甜蜜,有时候友谊只是一个鼓励的眼神,一个赞许的拇指,一个在冬夜里嘱咐的言语,一个在酷暑里问候的短信。

真正的朋友,不是锦上添花,更是雪中送炭。也许双方很长一段时间没在一起,很长一段时间没聊天,但只要一方有难,另一方便会挺身而出。这就是友情。看似平淡如水,实则情深意重。晋文公流落他国的时候,是介子推不惜把腿上的肉割与他吃,才保住了他的命,而当晋文公回国登上了王位后,介子推却悄然隐居了。

朋友间要保持牢固的情谊,就如同刺猬取暖,需要适当的距离。这样双方既能感到对方的温暖,又能不让彼此受到伤害。因此,你大可不必让好友分担你所有的喜怒哀乐,也不必苛求好友将他的悲欢离合悉数说与你听。就这样给彼此一点隐私,给彼此一点空间。忙碌时,打一个问候的电话;闲暇时,搞一个温馨的聚会。朋友就是这么简单,没有任何华丽的修饰和装潢。

(2) 给朋友一个自由的空间

俗话说"酒逢知己千杯少,话不投机半句多",人生得一知己,固然是好事,但即使是知己,也没有人愿意别人过多地介入自己的私人生活,即使有时是出于关心的目的。即使朋友不介意,也要适可而止;如果介意,最好全身而退。

(3) 学会说"不"

再好的朋友也不是事事都要面面俱到的,凡事只要尽力就行。特别是在原则性的问题上更要守住自己的底线,不要说什么"只要兄弟情深,上刀山下火海也在所不辞"这样的话,做出有悖道德和法律准绳的

六 友情雷区——有进有退,保守情义的距离

事情出来。那样,不但帮不了朋友,还会害了朋友,同时也连累了自己,真是得不偿失。所以,朋友之间不是任何忙都可以帮的,要学会说"不"。

刺猬为了取暖找到了合适的距离,从而避免伤害彼此。朋友之间也应该遵循这个规律,保持适当的距离。如果让亲密变成了腻烦,把友好变成了伤害,那么,朋友间的关系就会陷入雷区。

排雷日记

朋友之间互相关心、互相帮助是毋庸置疑的,但每个人都有自己不同的个性和生活方式,如果距离太近,反而容易产生间隙,使友情陷入尴尬境地。所以,保持适当的距离才是使友情天长地久的良方。

不要失信于朋友

诚信是立身之本,没有诚信的人生活在世上,如同一颗飘浮在空中的尘埃是难以立足的。朋友之间需要坦荡和真诚,而不是虚伪和欺骗。如果我们许诺于朋友,就一定要去兑现,不要让失信为自己的人格抹上污点。

汉朝年间,有一个叫陈太丘的人。有一天,陈太丘从街市返回的路上,恰好与曾一起供职的朋友意外碰面,毕竟两人也是多年未曾谋面,两人相拥一起,真的是友人相见,格外亲热。寒暄一阵后,陈太丘执意要请友人到自家去好好叙上一番,友人家在邻镇,再加上陈太丘的再三邀请,盛情难却。

酒过三巡之后,友人开口说话了:"不能接着再喝了,我差点忘了,明天我还得去郡府会一好友,还得早点回去准备行装呢。"话音未落,陈太丘呵呵一笑:"怎么如此之巧,明天我们刚好与你顺路,也得去郡府去办点事。"两位友人约定,次日午时一块上路,地点就在陈太丘家门前的大槐树下。两位友人为了表达各自的忠诚,他们还在槐树前立了个高高的树干。如此之后,两人才挥手辞别。

次日,陈太丘提前来到了树干前,等了一段时间,眼看着树干底端的黑影渐渐东斜,午时已过。这时,陈太丘猜想着友人是另有他事而不能同行,或者是他已经提前出发了,于是就先上路了。

然而,就在陈太丘走了之后,他的朋友终于到了,左看右看,却不见陈太丘的影子,当即就气不打一处来,非要到他家去看个究竟问个明白。一到陈太丘的家门口,正看见他的儿子正在家门口尽兴地玩耍。于是问道:"你父亲呢?"当时陈太丘的儿子刚刚年满7岁,名陈纪,回答道:"父亲久等你不来,已经走了。""真是个不讲信用的家伙,说好了一起去的。"友人生气地说。小陈纪不甘示弱:"您与我父亲约定在午时,午时不来,则表示不讲信用;对孩子骂他的父亲,则表示没有礼貌。"

朋友之间,一般不要轻易许诺,如果许诺了,就应该努力去兑现;如果失信于人,则会让你的信誉大大降低,失去朋友的信任。陈太丘和朋友相约同行,可是朋友迟迟未到,错过了约定的时间,这就是对朋友不守信用。

不守信用是交友的雷区,但只要我们做好以下两点就能避开雷区,拥有坚固友谊。

(1)许诺应该量力而行

小张有一个亲戚在县政府工作,有一次小张和朋友聊天,听说朋友

六 友情雷区——有进有退，保守情义的距离

有找工作的意愿，可是视力有一些问题，怕有困难。当即小张斩钉截铁地说道："这事包在我身上。"朋友很高兴，以为这事有着落了，还说，事成之后，请小张吃饭。可是不久，小张却向朋友说，这事办不了。令朋友很是失望。

朋友之间的交往少不了许诺，兑现许诺是增进朋友互信的途径之一，也是增加感情的重要方法。但当你在开口许诺之前，最好先想想，想想自己能不能办好这件事，办好的概率有大多，不要随意夸下海口，到时兑现不了，不仅自己失信于人，也让朋友很失望。所以，我们在没有把握的情况下最好不要许诺。

（2）答应的事不能半途而废

老王和老张曾经是住在一起的乡下邻居，早在几年前，老王就许诺帮助老张的儿子找工作，因为老王的外甥在某政府部门工作。老张当时就信以为真了，平时也不停地旁敲侧击，催老王早日帮他把这件事落实了。刚开始的时候，老王很上劲，还亲自到外甥那里去说这事。眼看事情就要成功了，老王却搬到县城去了，临走之时，他让老张在家等他的消息。可几个月过去了，仍然没老王的电话，老张实在等不下去了，亲自去县城老王家，想问个清楚。原来，老王真的把这事给忘了，老王表示很不好意思，于是马上打电话给外甥，不料外甥在外地考察，暂时回不来，于是，找工作的事又再一次推迟了一个月。老王许诺了老张，开始的时候，风风火火，可到了后来渐渐松懈了。虽然后来这件事办成了，但老王的办事态度还是让老张失望了。

《论语》："靡不有初，鲜克有终。"说的是有些人做事有头无尾，这是违背君子之道的。所以，如果我们许诺了朋友，就应该努力去办到，而不是虎头蛇尾，有始无终，做一个言而无信的小人。

(3) 对失信表示歉意

何玲和罗华是很好的朋友，罗华今年10月就18岁了，身在外地的何玲说等到罗华生日的时候，一定赶回来和她一起过这个人生中重要的生日，不料，在罗华生日的前一天，何玲的妈妈因病住院，于是她不能赶去给罗华过生日了，为表歉意，她寄了一张贺卡给罗华，并打电话向她说明了原因。罗华虽然感觉有些遗憾，但还是理解何玲。

有的时候出于好意，想真心帮朋友一把，在当时看来自己是能够办好许诺的事的，但在办事的过程中却遇到了意想不到的阻碍，导致了事情不能如愿，这当然不能怪自己，但毕竟还是失信于朋友了，所以，应该向朋友解释原因，并表示歉意。当我们不能兑现诺言时，一定要向朋友说明原因，表示歉意，这样才不至于造成朋友的误会。

孔子说："言之所以为言者，信也，言而无信，何以为言？"说的就是一个人要讲求信用，不要自食其言。朋友间的信用关系着彼此的信任，关系着彼此感情的长久维系。如果一个人对朋友都可以不讲信用，那么他又怎么能让其他人相信呢？

排雷日记

为人处世要言而有信，承诺之前，要充分估计自己的能力，不要轻易承诺；而对于自己承诺了的事要尽力去办到，如果因为客观原因不能办到也要向朋友说明原因。这样，才能维系好朋友之间的互信。

不要太过依赖朋友

当生活里遇到不顺心的事，你可能第一反应就是向朋友倾诉，希望得到朋友的帮助。真正的朋友就是在困难时伸出援手，在黑暗中点亮光

友情雷区——有进有退,保守情义的距离

明的人。但千万不要因此而把朋友当成你倾诉的"垃圾桶"和前行的"拐杖"。有的人,遇到一点不顺心的事就要向朋友倾诉,刚开始,可能朋友还会安慰你几句,但久而久之,就会觉得你很烦,因为朋友会认为你一点生活小事都处理不好,怎么在社会上生存呢?还有的人,一遇到困难,首先想的不是怎样去克服,而是怎样得到朋友的帮助,朋友虽然可以在适当的时候助你一臂之力,但朋友不是你的"拐杖",不可能寸步不离地帮助你。

小林在大学里结识了很多朋友,彼此感情都很好,虽然毕业了,但大家都还是经常联系。可最近不知怎么了,大家好像都有意无意地躲着小林,这让小林很不解也很伤心。

原来,小林把得到朋友的帮助当成了一种习惯,以前在朋友圈里,小林的年纪最小,受到了朋友们的呵护和关心,现在毕业了,她失去了朋友的庇护,感觉很孤独和无助,经常找朋友帮忙,即使自己能解决的事小林也要找朋友商量。一开始,朋友们都乐于帮忙,可慢慢地朋友们就受不了了,特别是结婚后,大家都为工作和家庭的事操心,可小林还是经常去找别人帮忙,这让朋友们很为难,不帮显得不够朋友,帮了下一次还要来找,于是,惹不起躲得起,朋友们都渐渐地躲着小林。

健全的和不健全的友谊之间,有一条模糊不清的界限。有些人与朋友的关系恶化,令人失望或令人非常不满,他们难以区分健全的和不健全的友谊。

过分地依赖朋友不但不会加深感情,反而会损害你和朋友的关系,而且双方都不愉快。朋友并非父母,他们没有法定责任来指导和保护你,他们可以给你支持,但不可能包办代替你,因为朋友也有自己的生活。小林的失误就在于过度地依赖朋友,没有和朋友保持一定的距离,导致了朋友的厌恶。

· 163 ·

所以，我们在处理朋友关系时，千万不要太过依赖朋友，太过依赖朋友是交友的雷区，那么要怎样做才能避开雷区呢？

（1）自己要有主见

要摆脱对朋友的依赖，关键在自己。自己要有主见性和独立性，不要凡事都请朋友拿主意，朋友只是参考作用，他不能帮你抉择，尤其是一些重要的人生选择，所以，不要过多地寄希望于朋友。一般来说，生活中自己能做主的事，就尽量不要麻烦朋友，一些自己难以作决定的事可以适当听听朋友的意见，但作决定的还是自己。

（2）学会为朋友着想

每个人都有自己的生活，每个人都有自己烦心的时候。不要为了疏解自己的情绪，就不顾朋友的感受。我们在向朋友诉说的时候，也要分时候，要尽量避免休息时间和上班时间，这样不至于打扰朋友的正常工作和休息，而且要控制好说话的时间，不要一说就说个没完。只有时常为朋友着想，朋友才会在关键时刻切切实实地为你考虑。

我们在向朋友倾诉的时候还要考虑朋友的情绪，如果朋友的情绪不好，那么你最好不要再去烦他，因为这样你不仅不会达到倾诉的目的，还会招致朋友的不满，也许朋友这时最需要的是安静而不是唠唠叨叨听你吐苦水。

（3）保持适当的距离

过分依赖朋友实际上就是和朋友走得太近，没有注意保持适当的距离。据心理学研究，最好的人际关系并不是形影不离，而是处于一种若即若离的距离，如同一层薄雾隔离彼此。所以，不要和朋友走得太近，具体来说，就是不要事事找朋友倾诉，事事找朋友帮忙。尤其是对于已经结婚的朋友，更应注意保持距离，以免引起不必要的误会。

朋友是可以伤心时倾诉的对象，可以是危难时求助的帮手，但要记住，朋友绝不是你寸步不离的影子，太过依赖朋友，会让朋友感到厌倦

友情雷区——有进有退,保守情义的距离

和心烦,从而疏远你。

排雷日记

与朋友相处的过程中,要保持自己的独立性和主见性,不要滥用友情,事事都要去麻烦朋友,这样只会令朋友对你避而远之。友情如同一台机器,它可以为你的生活添加动力,但毕竟马力有限,不要为了自己的转动而让它超载,那样会损坏机器。

不要让金钱玷污了友谊

每个人可能都有这样的经历:一天,你的朋友打电话向你借钱,而你不知如何是好。如果借,可能就要不回来了,或者是一再拖延还款;如果不借,又显得不够仗义。你也许还会想,既然朋友借钱,肯定是有困难的,不借,心里说不过去。

借不借钱是一件令人伤脑筋的事。当然有的朋友有借有还还好,就怕有的朋友借了钱迟迟不还,甚至赖掉。可是,朋友有求,你怎能袖手旁观呢?况且,有一天你也会有求于自己的朋友。于是,你陷入了矛盾之中。

小宋大学毕业后就去广州发展,几年下来,也算站稳了脚跟。小宋的家在内地的山村,十分贫困,家里除了有年迈的父母外,还有在念小学的女儿,面对如此的家境,小宋恨不得一天工作24小时,挣够了钱,买套房子,把父母接出来享清福。这个时候,小宋的好友小刘因为结婚,向小宋借4000元钱,面对这个要求,小宋很犹豫,因为4000元在广州不算多,可是在家里可抵得上父母生活两年,况且还有一个女儿在读书，可不是一笔小数目，但为了自己好友的幸福，小宋还是借给了小刘，并没有提出还钱的期限。然而，小刘并没有体谅小宋的一片苦心，相反，他认为小宋在广州赚到了很多钱。1年以后，小刘又提出向小宋借5000元，说要做生意。面对这个要求，小宋很为难，同时也受到了一定的伤害：小刘不但没有体谅自己，反而"变本加厉"，小刘从小和自己一起长大，不是不知道自己家里的情况，现在两位老人在过着清贫的生活，而且自己的女儿在念书。如果当初把4000元钱给父母，至少可以改善他们的生活质量，再加上5000元，父母至少3年衣食无忧，自己也可以安心工作。小宋面对自己的父母和孩子，很难说服自己再借钱给小刘，于是婉言拒绝了小刘的要求。

　　朋友间金钱来往是常有的事，有的是为了救急，有的是为了赠送，情况虽然不同，但都体现了朋友间的情谊。但常言说："人亲财不亲"，即使是最亲密的朋友在钱财上还是不能含糊的，因为朋友间也有各自的利益，一般情况下，应该把感情和财物分开，不能混为一谈。小刘虽然和小宋一起长大，有很深的情谊，但小刘借钱只是为了自己，没有考虑小宋的利益，也没有体谅小宋的处境，反而"得寸进尺"，使小宋受到了伤害。

　　如果友谊过多地和钱挂钩，就未免显得庸俗。所以，在处理友情与金钱的时候要注意以下几个问题：

　　（1）慷慨解囊未必是好事

　　在朋友遇到困难时，如果你能慷慨解囊，那他一定感激不尽。但他如果因此而认为你是个"好说话"，对钱财满不在乎的人，那么你就要注意了，他可能会利用你慷慨解囊的大度，一次又一次向你借钱，可谁不在乎钱呢？你碍于朋友的面子，又不好意思拒绝，可这样下去，你迟早会陷入苦不堪言的境地，不仅和朋友间的账目成了一本"糊涂账"，

六 友情雷区——有进有退，保守情义的距离

而且又为不能摆脱这样的纠缠而苦恼。所以，借钱给别人也要有分寸，也要分清人——什么样的人可以借，什么样的人不能借。推此及彼，当你向朋友借钱时，也要注意分寸，要体谅朋友的处境，不要无限制地向朋友索要，更不要把朋友的慷慨解囊当成是他无私奉献的义举，朋友的慷慨解囊只是想助你一臂之力，并不是无私奉献，因为朋友不是慈善家。

（2）有借有还，再借不难

朋友间无论感情有多深，对属于必须归还的财物，绝不能含糊。情谊是情谊，财物是财物，不要混为一谈。只要不是朋友明言赠送的财物，都要及时归还。有人不注意这个问题，借钱的时候火急火燎，还钱的时候却拖拖拉拉，这样会失信于朋友，伤害了朋友的心。

（3）君子协议

朋友间如果在无关原则的问题上，可以含糊一点，如果牵涉到彼此的切身利益，那必须按原则办事。比如，你要和朋友合作一个项目，那在合作前最好签订一个"君子协议"，把双方的责任和利益写清楚，避免以后发生经济纠纷，损害了彼此的友谊。

朋友间不是不可以有金钱来往，但要注意分寸和界限。即不要事事和金钱挂钩，让金钱玷污了朋友间的纯洁；同时要注意分清彼此的利益关系，不要因为金钱伤害了彼此情谊。

排雷日记

交友贵在交心，即交友在精神层面的契合更重要，而不是物质层面。古人有贫贱之交，忘年之交，华盖之交，都体现了这一点。所以，为了保持和朋友之间的纯洁关系，朋友间最好不要有过多的金钱瓜葛。即使有，也要理清关系，不要因为金钱的含糊而模糊了彼此的感情。

宁可少交一个朋友，也别多树一个敌人

春秋时期，吴国和越国战乱连连。有一天，在吴越交界的一条河上，吴人和越人同坐了一条船，他们都不愿意搭理对方。后来，天色骤变，刮起的狂风即将把船打翻，情况十分危急。这时候，不管是吴人还是越人，都争先恐后地去降帆以救船。正是由于他们亲密无间的合作，才使得他们最终战胜了暴风雨。最后，他们叹息道："如果吴越两国能友好相处该多好啊！"

这个故事告诉我们，人与人之间与其为敌，不如结为朋友，相互帮助才能共同渡过难关。正如有首歌唱道："千里难寻是朋友，朋友多了路好走。"确实，朋友多了，路子宽了，成功的机会也就大了。相反，如果人生路上多了个敌人，则很可能对自己造成不利影响。

王安石被列宁称为"中国11世纪的改革家"，然而王安石主导的"熙宁变法"最终还是失败了。究其原因很多，其中王安石树敌太多是其中一个原因。

王安石在变法过程中，一贯我行我素，导致朝中大臣多与他决裂。这当中有的人原来是他的靠山，如韩维、吕公著等人；有的人原来是他的荐主，如文彦博、欧阳修等人；有的人原来是他的上司，如富弼、韩琦等人。虽然他们都是一时俊杰，朝廷重臣，却因为不同意王安石的某些做法而被逐一赶出朝廷，这当然不完全是王安石的意思，也有宋神宗的支持。特别是他的好友司马光，念在与王安石共事数年的交情上，曾三次写信给王安石，劝他调整自己的治国方略。可惜王安石不以为然，看一条驳一条，导致司马光也与他分道扬镳，终生不再往来。

友情雷区——有进有退，保守情义的距离

王安石在变法过程中不仅树敌于大臣，甚至连民意有时也不采纳。

熙宁四年（1071年），开封知府韩维报告说，境内民众为了规避保甲法，竟有"截指断腕者"。宋神宗就此事问及王安石，不想王安石竟回答："这事不可信。就算有这事，也没什么了不起！那些士大夫尚且不能理解新法，何况老百姓！"神宗皇帝听了颇为不悦地说："民言合而听之则胜，亦不可不畏也。"王安石听了仍是不以为然，因为在他看来，就连士大夫之言都可不予理睬，更何况是什么民言。

最终，王安石因树敌过多，连一直支持他的宋神宗也无可奈何，只得罢免了他的相位，轰轰烈烈的变法失败了。

王安石变法如果能循序渐进，多考虑各方的利益，就不会树敌过多，让自己失去了支持者，最终导致失败。人际关系的复杂之处就在于，今天的朋友说不定是明天的敌人，而今天的敌人说不定是明天的朋友。和别人维系长期友好的关系也许很难，但是想要树敌却非常容易。就算是亲近的人，也能在瞬间反目成仇。

生活中，你可能会对某些人看不顺眼，但如果对别人露骨地表现出自己的厌恶，就会让对方感觉到敌意。虽然将自己的喜爱或厌恶表现得很明显的人会被人称为"坦白爽快"，但也会因为让对方不舒服而为自己树敌。尤其是在同一个公司或是在同一个团队，这样的坦白肯定会让对方产生敌意，更不要说在一起合作共事了。所以，处世待人中"多个朋友多条道，多个敌人多堵墙"这句话是不无道理的。树敌过多，不仅会使人迈不开步，即使是正常的工作，也会遇到种种不应有的麻烦。

树敌是交友的雷区，那么要怎样才能避免树敌呢？

（1）不要轻易去指责别人

指责是对别人自尊心的一种伤害，尤其在大庭广众之下，它只能促使对方奋起维护他的荣誉，为自己辩解，而不是屈服。即使当时隐而未

发,也对你心怀不满了。如果遇到心胸狭隘的人,他可能记下你这"一箭之仇",日后寻机报复。

人们很多时候,总希望听到赞美的声音,而不是批评的话语。当你想指责别人的时候,请把握好这个心理,做到点到为止,给人留一个台阶下,不要图一时的心直口快,而伤了别人的面子。更不要为了发泄自己的不满,而以别人的自尊为代价,那样不但不会改善自己的情绪,还可能招来抵触,为自己树敌。

手段应当为目的服务。许多成功者为人处世的秘诀就在于他们从不正面指责别人,从不说别人的坏话,而是旁敲侧击,显示出高明的批评技巧。如面对可以指责的事情,你完全可以这样说:"发生这种事情真遗憾,不过我相信你不是故意这么做的,是吗?为了防止今后重蹈覆辙,我们首先要分析一下原因……"这种真心诚意的帮助,远比指责的作用明显而有效。

(2) 学会示弱

在生活中,如果是非原则性的争论,不妨示弱,多给对方取胜的机会,这样不仅可以避免树敌,还可以让对方的某种"虚荣"得到了满足,口头上的牺牲不会让你少块肉,你何必针锋相对,为此结怨伤人呢?

实际上,争吵中没有绝对的胜利者。口头胜利虽然图得一时之快,但与此同时,你又树了一个对你心怀怨恨的敌人,你究竟是胜了还是败了呢?争吵总有一定的原因,总是为了一定的目的。如果你真想使问题得到解决,就应该本着平等协商的原则去讨论,而不是盛气凌人地争吵。争吵除了结怨树敌,破坏自己的形象外,对问题的解决没有丝毫作用。

(3) 批评也要讲究技巧

什么样的批评既能达到劝诫的效果又能不伤害别人呢?其实不只是言语,微笑、眼色、手势等都能表达你的意见,何必要赤裸裸说"你说

六 友情雷区——有进有退，保守情义的距离

得不对""其实是这样的"等这些生硬的话呢？这不等于在告诉并要求对方承认："我比你高明""你必须按照我的做"吗？试想这样的话，有几个人接受得了？

既然是劝诫别人，是为了让对方接受你的意见，何必让伤人的举动来"逞能"呢。不妨用商量的口吻、请教的诚意、轻松的幽默、会意的眼神，定会使对方心服地改变自己的错误。

（4）敢于承认错误

假如由于你的过失而伤害了别人，就应该知错就改，及时向人道歉，这样可以消除对方的敌意，说不定你们今后会相处得更好，正所谓"不打不相识"嘛。如果明知自己错了，还要顾及面子不肯给别人道歉，那么你也不要希望别人会原谅你。

成功的过程就是不断消除危机的过程。人生路上，多一个绊脚石，就多一份危机，多一份失败的危险，所以人生路上宁可少交一个朋友，也不要多树一个敌人。

排雷日记

人生路上，朋友是自己一笔宝贵的财富，朋友可以帮你渡过难关，朋友可以帮你冲过险境；而敌人则是自己一个潜在的威胁，他会阻碍前行的大道，他会投掷伤人的暗箭。所以，宁可少交一个朋友，也不要多树一个敌人。

诤友是告诫你出错的警钟

真正的朋友是一生的财富，诤友尤其可贵，他们最大的优点就是直言不讳，从不粉饰和掩盖朋友的缺点、错误，而是敢于力陈其弊，促其

改之。诚如古人说："砥砺岂必多，一璧胜万珉。"意思是说，交朋友不在多，贵在交诤友。如果人们能结识几个诤友，那么前进的道路上，就会少走弯路，多出一些成果。

魏征是历史上有名的诤臣，他敢于直言进谏，不惜触怒唐太宗。

有这样一件事：李世民在位期间，国泰民安，天下太平。于是，众大臣一致建议太宗到泰山"封禅"，告成功于天地。唐太宗也认为是前无古人的明君，完全有资格封禅。但魏征认为不可，坚决谏止，因此和唐太宗引起了一场辩论。太宗争辩说："难道我功不高耶？德不厚耶？远夷不慕义耶？嘉瑞不至耶？年谷不登耶？何为而不可？"虽然太宗一连提出六个反问句质问魏征，但魏征毫不让步，对上述各点一一进行驳斥。最后严肃指出："隋氏之乱，非止十年，陛下为之良医，疾苦虽已乂安，未甚充实。"并直言搞封禅之类的事，实为劳民伤财之举。太宗虽然很生气，最终还是采纳了他的建议，结束了"封禅"一议。

唐太宗虽然没有封禅，但他为民着想，及时制止劳民伤财之举的行为，赢得了天下民心，而这全归功于魏征的直言进谏。

魏征死后，唐太宗哀叹曰："夫以铜为镜，可以正衣冠；以古为镜，可以知兴替；以人为镜，可以明得失，朕尝此三镜以防己过。今魏征殂逝，遂亡一镜矣。"所誉非过。

魏征犯言直谏，虽然惹得太宗不高兴，但却成就了太宗从善如流、以民为本的美名，意义远大于封禅。诤友朋友是一面镜子，可以照出自己的得失；诤友是一口警钟，可以敲醒沉睡的心灵。人生若能得一诤友，真是受益匪浅。然而并不是每个人都喜欢这面镜子、重视这面镜子。因为诤友容易得罪人，在当今习惯于颂扬的社交规则下，诤友往往被人们的所谓面子观念封杀，常常被"抛弃"、被冷落。而待到醒悟时已经失去彼此的交往，只好扼腕叹息。失去诤友是一种损失，诚如唐太

六 友情雷区——有进有退，保守情义的距离

宗所说，"亡一镜矣"，所以，我们要珍惜身边的诤友，用宽容大度去接纳他们。

"良药苦口利于病，忠言逆耳利于行。"诤友有时提出的批评和意见可能会很难听，甚至伤害了你的自尊，但不要生气，要冷静下来想想他说的缺点是不是真的存在，如果真的存在，你就应该感到高兴，并应该努力去改正，这样你就又少了一个缺点。虽然人无完人，但谁不希望自己是完美的，如果少了一个缺点，就说明你又离完美近了一步。所以，你不仅不应该去责备你的诤友，反而应该感谢他的提醒。

相反，如果对诤友的一些批评或意见不愿承认，讳疾忌医，甚至恼羞成怒，那么最终吃亏的还是你自己。

吴国大败越国后，夫差急于图霸中原，欲答应越国求和之意。此时，伍子胥预见到两国不能共存之势，又洞察到勾践有东山再起之心，力谏不可养虎遗患，而应乘势灭越，夫差不听。

后来，夫差欲率大军攻齐，越王勾践率众朝贺，伍子胥再度劝夫差应放弃攻齐，灭越才是当务之急，因为伍子胥已经觉察到越国正在逐渐强大，不料，他的苦谏再次遭到夫差拒绝。伍子胥知夫差昧于大势而不可谏，吴国终会被越国所灭，为了避祸，他将自己的儿子送到了齐国。不料，这事被勾践利用做了文章。勾践送给夫差的大臣伯嚭大量钱财和美女，要伯嚭诬陷伍子胥把儿子送到齐国就是背叛吴国。夫差听信伯嚭的谗言，回想起伍子胥经常顶撞自己，更是怀疑伍子胥，于是赐死了伍子胥。伍子胥毫无畏惧，临死前对邻人说："我死后，将我眼睛挖出悬挂在吴京的东门上，让我看到越国军队怎样入城灭吴。"言毕自刎而死。死后仅十年，吴果然被越所灭。夫差后悔莫及，最终自杀。

伍子胥是吴王身边的诤臣，可是吴王夫差没有珍惜，而是自以为是，轻信谗言将其杀害，最终国破人亡。

· 173 ·

人生得一诤友不容易。诤友的话虽然不中听，但却出自他的肺腑，能引起你的警醒。不像有些人只会在你面前夸耀你的好处，掩饰你的缺点，让你沾沾自喜，疏于防范。一个人如果看不到自己的缺点，那么他最终会付出惨痛的代价。所以，要珍惜身边的诤友，用一颗宽容的心去接纳他。

★ 排雷日记

只有真正的朋友才会热诚关心你，为你的错误和失败痛心；也只有真正的朋友才会直言你的缺点和瑕疵，帮助你扫除成功的障碍。而诤友就是这样的朋友。拥有诤友是人生的幸运和福气，请珍惜诤友。

七 教育雷区
——转变观念，破解教育难题

"十年树木，百年树人"，教育历来是备受家庭、社会和国家重视的大事。而孩子的教育问题也历来是一个难题。有的人主张"棍棒之下出孝子"，即以严教子；有的人则把孩子的成功与否归咎于天赋，听之任之，缺少后天必要的培养。随着时代的发展，人们的思想有了很大进步，特别是一些科学教育理论的诞生，告诉了人们应该给孩子适当的空间，让其自由发展。于是，现代人大都采用这种方法来教育孩子。可是，这种教育方法却往往因把握不好尺寸，放纵过度，流于溺爱。

教育关系着孩子的一生。只有良好的家庭和学校教育才能培养出社会需要的人，才能培养出有益于社会进步的人。所以，对于当下教育来讲，转变观念很重要。

挖苦和讽刺会伤害孩子的自尊

　　挖苦和讽刺从来都不是教育孩子得当的方法。挖苦和讽刺对于成人来说，都不一定接受得了，更不要说孩子了。一般来说，孩子由于年龄的局限性，其心理发展尚未健全，对一些事物的接受程度也是有限的，尤其是对于呵斥、责骂会产生恐惧心理和抵触情绪。如果家长不了解孩子发展的阶段性特点，动辄训斥、嘲讽，那么不管其出发点多么善良，理由多么实在，其教育效果必然适得其反。

　　小明是小学三年级的学生，一次因数学测试成绩差被父母狠狠地训斥了一顿，并罚抄试卷三遍。平时性格内向的他，从此精神变得更加压抑，一上数学课就有一种莫名的畏惧感。头脑里总是闪现父母的教训："你看看别人考那么高，你却考这么少，脑子里装的什么东西，豆腐渣啊？"由于心理负担大，小明不仅数学成绩越来越差了，其他科目的成绩也下降了。

　　班主任老师发现情况不对劲，于是做了一次家访。在了解了情况后，班主任老师认真分析了小明成绩下降的原因，指出是家长的教育方法出了问题，并建议家长多以鼓励为主，不要以挖苦、讽刺的方式来教育孩子。

　　从那以后，小明的家长先对小明进行了心理疏导，排除了他的抑郁情绪，然后表扬了他的优点，在学习上也采取了鼓励的态度。渐渐地，小明变得开朗了，学习上也摆脱了负担，成绩也慢慢上升了。

　　家长用尖酸的语言奚落、讽刺、挖苦孩子，表面上似乎比体罚"文明"，但它带给孩子的伤害不见得比体罚小。从某种程度上讲，可能有过之而无不及。体罚伤害的是孩子的身体,而"心罚"伤害孩子的"心灵"。受"心罚"的孩子自尊心常常被打击,自信心被摧毁、个性被扼杀。

父母其实是孩子最好的老师,也是孩子在这个世界上最值得信赖的人。怎样去教育孩子,怎样才算是正确的教育方法,一直是家人们最关心也是最苦恼的问题。教育方法多种多样,但任何情况下,家长都不应该用讽刺、挖苦的方式去伤害孩子。俗话说"良言一句三冬暖,恶语伤人六月寒"。成功的家教应该是家长善于观察与揣摩孩子的行为、心境,然后选择时机有针对性地用"良言"教育孩子、激励孩子。

什么是"良言"?良言是当孩子受挫折时的一句鼓励;是孩子沮丧时的一句安慰;是孩子自卑时的一句赞美。因此,"挖苦和责骂"是教育的雷区,是家长在教育孩子的时候要避免的。具体来说,可以从以下几个方面来做:

(1) 以礼相待

有的家长在孩子面前总是摆出一副高高在上的姿态,常常以命令、怒骂、责怪式的语言来教育孩子,这样会使孩子感到成人对他们的轻视,渐渐丧失了自我观念。如果父母对孩子保持应有的礼貌,充分听取孩子的意见和想法,便会让孩子感受到父母对他的尊重,有利于双方平等交流。

(2) 父母也要敢于承认自己的错误

家长也有犯错的时候,但不要为了自己的面子而不顾孩子的感受。"小刚,妈妈真对不起你,上次冤枉你了,妈妈不该随便冲你发脾气"。如果感到自己的行为冤枉了孩子并对其自尊造成了伤害,就应该主动向孩子道歉。

(3) 不要让孩子难堪

在他人面前批评孩子的缺陷和错误会严重伤害孩子的自尊。这样的批评通常会带来两种后果：一是不予理会，我行我素；二是耿耿于怀，羞愧无比。这两者相信都不是父母所愿看到的。所以，家长应该避免在众人面前批评指责孩子。

(4) 允许孩子犯错

大人们尚且要犯错，更何况孩子们呢？犯错是正常的。不要苛求孩子尽善尽美。在孩子出现失误时，应该从整体上评价他们，帮助其找出原因，鼓励他们克服困难。而不是抹杀过去的一切，批评责骂，在孩子受伤的心灵上撒盐，这样可能会让孩子一蹶不振，看不到希望。

(5) 采取鼓励态度

与责骂、讽刺相反，对待孩子应该多采取赞扬、鼓励态度。有的家长对孩子的进步视而不见，以为进步太小，不足挂齿。殊不知，一点进步，很可能也是孩子花了很大努力才换来的，如果漠视甚至藐视这种进步，则会大大打击孩子的主动性，不利于孩子的成长和进步。

家庭教育是孩子的启蒙教育，关系着孩子良好习惯的养成和健全人格塑造。所以，对家庭教育要引起重视，更要讲究方法。挖苦、讽刺从来不是良好的教育方法，它不仅违背教育的初衷，还会深深伤害孩子的自尊心。

排雷日记

责骂和挖苦不是教育孩子的方法，其结果不但不能达到教育的目的，反而会扼杀孩子的天性，阻碍孩子的健康成长。因此，家长应少一些责骂，多一些鼓励；少一些挖苦，多一些赞美。这样，才能达到良好的教育效果。

教育雷区——转变观念,破解教育难题

专制和武断不能赢得信服

家长在教育孩子上要树立必要的威严,这是无可厚非的。但如果树立威严要靠专制和武断,则走向了教育的雷区。一项研究表明,在专制和武断家庭里成长起来的孩子大多缺少自信心,显得懦弱、无主见。威胁和恐吓还会加重孩子的心理负担,影响孩子健康的心理发展。

一次,小芳做完各科作业后打开电视,妈妈突然冲过来,关掉了电视机:"整天就知道看电视,马上期末考试了,你是不是复习好了?看看你上次,考得一塌糊涂,今天不准看电视。"

"我都做了一天的作业了,休息一会儿不行啊?"小芳说。

"不行就是不行,你才做一会儿就想偷懒了?"

"你不让我看,我就不做作业。"小芳觉得很委屈,明明自己做了一天作业,上午不让看电视,下午又不让看。

"你看,你还顶嘴!"妈妈冲过去给了小芳一耳光。

小芳含着泪甩门而去。

许多父母都十分反感孩子顶嘴。他们认为,孩子顶嘴就是不听教导,不服管教,就是向父母的威信发出挑战,于是大动肝火。除了对孩子呵斥责骂外,有的还会痛打孩子一顿。这都体现了家长专制和武断的一面。

父母的这种专制作风,会给孩子的成长带来一系列危害:

(1)产生叛逆心理

有的孩子犯了错误,总是试图找出各种理由来为自己开脱,其目的无非是为求得父母的谅解,这种心理很正常也是完全可以理解的,毕竟是孩子鼓足了很大勇气才这样做的。但有的父母却不理解，认为那是狡辩，于是武断地全盘否定，这样孩子会认为父母不相信自己。对父母的这种"蛮横"做法，孩子只能是敢怒不敢言。造成的后果是以后孩子即便有更充足的理由也不会再申辩了，因为家长根本不相信自己。孩子一旦形成了这样一种心理定式，父母的批评就根本无法接受，还会把父母的训斥当做耳边风。

（2）留下继续犯错的隐患

一些孩子犯了错，家长根本不给申辩的机会，而是采取简单粗暴的批评。所谓"理不辩不明"，不给孩子辩明是非的机会，错误的根源就没有找到，这就为以后继续犯错留下了隐患。

（3）扼杀个性

一个"顶嘴、辩解"的孩子，往往有自己独立的想法和是非标准，虽然这种想法和标准不一定是正确的，但显示了不唯命是从、敢于争取的思想特质。许多孩子正是在这种"顶嘴、辩解"过程中，逐步学会了认识问题、处理问题的能力。而父母"不许顶嘴"的高压政策扼杀了孩子天性，让其产生了缺少主见，唯命是从的心理，这怎么让他们以后创造性地解决问题、处理问题呢？

专制和武断是教育的雷区，作为父母可以从这几方面做起：

（1）宽容对待

父母们应有足够的民主风范，给孩子一些自主的权利和发表意见的机会。切忌为了所谓的威严和面子，而置孩子的"委屈"和"苦衷"于不顾，以强凌弱，以"大"压小，从而伤害孩子的自尊心，导致其形成逆反和逃避心理。

（2）学会倾听

当孩子犯了错，不要凭主观臆断或一面之词而妄下结论。要学会真诚倾听孩子辩解的理由，并且加以具体分析。找出其犯错的根由，以免

七　教育雷区——转变观念,破解教育难题

下次重蹈覆辙。充分让孩子申辩,培养他们敢想、敢说的良好习惯,这样既能使他们明白事理,又锻炼了口才。

(3) 引导孩子学会自我分析

孩子在成长过程中难免会遇到各种失败和困难,做家长的要因势利导,帮助孩子分析原因,从鼓励的角度去教育孩子,使他们能正视存在的问题,鼓足信心去克服困难、战胜困难。

和谐温馨的家庭环境是孩子健康成长的重要条件之一。做家长的,要转变观念,摒弃封建家长制专权武断的行为方式,多给孩子一些发言权和自由的空间。相信,一个民主、平等的家庭环境更利于问题的解决。

排雷日记

教育孩子,父母们要少些"权威教育"。专制和武断只会招致叛逆甚至反抗,不能从根本上解决孩子的问题,反而会给孩子的健康成长制造心理障碍。试着用民主的方法去和孩子沟通,对他们多一些宽容、多一些倾听,这样你会发现原来和孩子交流也不是一件难事。

如何正确对待孩子的"攀比心理"

攀比心理的教育,也是家庭教育中的一个重要话题。随着现代物质水平的提高,攀比心理不仅出现在大人身上,同样也渗透到了孩子心里。现在孩子的攀比心理越来越普遍,充分说明这不是一个小问题,如处理不好的话,就会对孩子造成不良后果。而且对于这方面的教育也是我们在对孩子进行教育时最容易疏忽的一个问题。

事例1：追逐潮流借钱买手机

小雯喜欢追逐潮流，最近看到班上很多人买了手机，她也想买一部，于是，她向妈妈要钱。妈妈认为一个初中生不应该使用手机，而且影响不好，没有答应她。于是，小雯就用自己的压岁钱，然后又向同学借了一些钱买了一部。

事例2：忌妒别人成绩好

一位妈妈反映，孩子今年7岁，成绩在班上属于中等，但每当看到比她考得好的同学，就心生厌恶，看到老师表扬成绩好的同学，心里更不是滋味。

这样的事例经常发生在我们身边，表现了孩子存在攀比心理。调查表明，中小学生的攀比心理主要表现在：一是比物质生活水平，比如谁学习用品档次高、谁穿着名牌、谁零花钱多等；二是比家庭条件，在中小学生眼中房子的大小、有钱有车与否、父母的地位等也常成为他们相互攀比的内容；三是比在班级或老师心目中的地位：谁的模样帅、谁的学习好、谁最受老师的欢迎等也常是他们谈论的话题。

分析中学生攀比心理形成的原因，主要有以下几个方面：

（1）社会上攀比之风的影响

随着人们物质水平的不断提高，人们不再为吃穿而发愁，而是为吃穿不如别人好而发愁。于是，社会上比吃穿、比职位、比收入、比享受、比豪华的攀比之风随之而来。而家长们的攀比心理，在潜移默化中也或多或少对孩子的心灵造成了影响。

（2）家庭教育不当

由于一些家长对孩子的溺爱，尤其是对独生子女娇生惯养，不让他们参加劳动，不对他们的铺张浪费行为批评指正，因而养成了孩子好逸恶劳、不讲节约的不良习惯。他们体会不到劳动的艰辛和生活的不易，自然也就大手大脚、"挥金如土"，为了满足一时的虚荣，与同学进行盲目攀比。

（3）心理原因

从心理学的角度看，中小学生心理发育尚不健全，大多数孩子争强好胜，喜欢表现自己，喜欢引人注目，不愿比别人差。由于他们不能正确、全面地认识和评价自己，片面地认为，如果自己在某一方面低于其他同学，那么在同学之中就没有面子、没有尊严。于是，就和同学盲目地攀比起来。

心理专家认为，孩子有攀比之心是很正常的。事实上，孩子在幼儿期就有了表现的欲望，一个好看的玩具、一件漂亮的衣服都会成为他们"炫耀"的资本。随着年龄的增大，这种表现欲望仍然存在，特别是青少年表现的欲望很强，而攀比正是孩子表现欲望的一种体现。

虽说孩子有攀比之心是正常的，但过分的不切实际的攀比，则会发展成虚荣心。那么，我们应该怎样看待并消除孩子的这种攀比心理呢？

（1）家长要消除攀比心理

有些家长在训导孩子时，常会拿别的孩子跟自己的孩子比较，说别的孩子怎样怎样聪明、怎样怎样用功，而贬低自己的孩子，把自己的孩子说得一无是处。尺有所短，寸有所长，每个孩子都有他与众不同的地方，所以，家长应该去发掘孩子身上的这些优点，而不是去紧盯他的缺点，这样不仅会伤害孩子的自尊心，打击他们的自信心，还会催生攀比心理。还有些家长自身存在攀比心理，总是拿自己的工作、能力、表现等去跟别人比较，这样在有意无意中也影响了孩子，使孩子也"染"上了攀比之风。

（2）防止溺爱孩子

溺爱是造成孩子攀比的重要原因。家长应尽量让孩子参加一些家务劳动和一些社会活动，让他们切身体会生活的滋味，而不是把孩子奉为

"太上皇"，对他们百依百顺，毫无原则地满足他们的需要。这样只会养成孩子贪图享乐、盲目攀比的不良习惯，而不能达到自己爱孩子的目的。所以，面对孩子为攀比提出的不合理要求，家长该拒绝的就必须拒绝，要引导孩子学会自己跟自己比，拿自己的今天跟昨天比，以发现进步之处，激励孩子的进取之心。

（3）树立孩子"理财"观念

很多孩子在攀比时，大多是没有价值观念的。或许在他们看来，1000元不过是个小数目，却不知道父母为这1000元所付出的艰辛。所以，要消除孩子的攀比心理，培养价值观念尤为重要。可以让孩子知道父母的薪水和家庭每月收支情况，让其了解自己的索取与父母的付出。给孩子买东西时可以由孩子自己来付钱，让孩子学会记账，树立消费观念。这不仅能让孩子懂得感恩，还能培养其家庭责任感。

（4）转移注意力，将攀比转化为动力

攀比心理的出现也并非全是坏事。从另一方面看，当孩子与别人攀比时，说明孩子开始有竞争的倾向了，想达到别人同样的水平或超过别人。如果抓住这种心理，正确引导，把孩子攀比的注意力转移到学习、技能、良好品行等方面，这会大大有助于孩子的心理发展。这样，攀比就转化为动力，促使孩子设法满足自己的合理需要，以培养孩子的竞争性、自主性等良好的心理品质。此外，家长可以引导孩子和培养孩子对文学、艺术、自然等方面的兴趣，以转移孩子的注意力，注意力转移了，孩子就不会纠缠于物质方面的攀比了。

攀比是孩子成长过程中的必经阶段。面对孩子的攀比，家长要理性看待，正确引导，既不必过分担心，也不要掉以轻心。

排雷日记

孩子在成长过程中难免会存在攀比心理。面对孩子的攀比，家长要

七 教育雷区——转变观念，破解教育难题

一分为二地看问题。既要看到盲目攀比带来的贪慕虚荣、铺张浪费等不良后果，也要看到攀比心理暗示的积极一面是孩子有了竞争意识。所以，面对孩子的攀比，家长要正确引导，防止孩子向追求物质享受的一面发展，而要把孩子的注意力转移到品德、学习、能力等方面来，培养孩子的竞争意识。

物质刺激应把握尺度

很多家长为了鼓励孩子达到自己心中设定的目标，往往采用物质刺激的方法。无可否认这种方法能让孩子产生一定的动力。但每个家庭能够为孩子提供的物质条件毕竟是有限的，如果物质刺激没有节制的话，总有一天，孩子的欲望会膨胀到一个令家长难以为继的高度，当家长再也没有能力来满足这种要求时，家长又将处于何其尴尬的地位呢？

事例1：

一位妈妈对5岁的儿子说："如果你能把这篇课文背下来，我就给你买奥特曼。"儿子听后很兴奋，但随即又变了表情，因为那篇课文实在太长，不好背。结果，一连几天，儿子都对着课文发愁，越想背越记不住，越记不住就越想要奥特曼。

事例2：

4岁的小雨在班上因为背诗歌最快，得了一朵大红花。妈妈很高兴，于是给她买了她最喜欢的"喜羊羊"玩具。后来小雨又因为跳舞比赛拿了第一，妈妈又给她买了玩具小汽车。渐渐地，小雨记住了一点，只要自己做得好，妈妈就给她买新玩具。

可是有一次，小雨数学测试得了高分，但妈妈却没有给她买玩具，

· 185 ·

她立刻不开心了。再去上学的时候，她也不好好听老师的话了，还跟别的小朋友打架。妈妈批评她，她竟然说："谁让你不给我买新玩具！"妈妈听后愕然。

教育孩子应该更多地应该注重人性的塑造和品格的培养，而不是给他们树立太多的金钱观念。物质和金钱，虽然能刺激人的感官，但这种刺激是浅层次的，并不稳定，在人的大脑里只能存留极短暂的时间，之后就会被分解。况且孩子的思想尚未发育健全，这种刺激保鲜期会更短。我们经常看到这样的现象：当一个孩子完成了家长所设定的目标，得到了家长所允诺的奖励之后，往往会表现出精神上的愉悦，然而仅过了几天，这种愉悦就消失得无影无踪。

一旦家长用这些东西来鼓励孩子好好学习，就会让孩子忘记了学习的目的。在他们简单的思想中，就容易形成这样一个观念：学习就是为了能拥有玩具和零食，如果家长不给玩具和零食，就绝对不学习。

学习一旦变成了与物质和金钱对等的交换品，孩子就不会再重视学习了，而是把学习当成了获取"利益"的手段，于是他们体会不到学习的快乐，甚至会失去好奇心与探索精神。他们还有可能为了获得奖励，采用欺瞒、舞弊等手段来获得好成绩。若是未得到他们期望的奖励，就会变得情绪低落，甚至失去信心。

如事例中家长用物质与金钱作为激发孩子学习的条件，这种做法是不可取的。物质刺激是教育的雷区，是做家长的应该避免的，那么应该怎样做呢？

（1）帮助孩子树立正确的目标

目标是学习的动力，而以取得物质报酬为目的的学习则是将学习功利化、庸俗化，是不利于孩子健康成长的。所以，树立正确的学习目标对孩子来说至关重要。家长可以通过讲名人故事的方法来帮助孩子树立正确的学习目标。比如讲匡衡为了成为一个学问家,凿壁偷光的故事;再比如祖逖和刘琨为了报效国家,闻鸡起舞的故事等。

(2) 淡化考试成绩

家长的奖励多是与孩子的成绩挂钩。今天要求孩子语文必须考90分,明天要求数学必须考100分。其实,家长把成绩看成是衡量孩子优秀的唯一标准是教育长期以来的一个误区。据美国一项调查表明,超过50%的在老师眼里是优秀的学生,往往缺乏创造力和探索精神,而相反,很多在老师眼里成绩差的学生却具备这方面的能力。这表明,学习成绩并不能完全代表一个学生的能力。所以,家长没必要把成绩看得很重,并随时用物质刺激来促使孩子学习,而是应该发现孩子身上与众不同的地方,寻找适合孩子个性发展的教育思路。

(3) 精神激励为主

不只是物资刺激能产生激励效用,精神刺激同样能产生激励作用。而且教育应该以精神激励为主。家长要对孩子充满信心、充满希望。家长的期望是影响孩子发展的重要因素。家长可以适时给孩子提出一些期望:期望孩子的学习成绩在原来基础上有所提高;期望孩子在运动会上取得好名次等。这些期望须结合实际,建立在孩子自身发展水平基础上,这样,可以让孩子感到家长对自己的信任,会产生强烈的激励效应。

在孩子取得成绩后,要不吝赞美之词,并勉励孩子继续努力;而在孩子遭遇失败时,则应该安慰和鼓励为主,帮他重塑信心。

排雷日记

美国著名心理学家基诺特总结孩子教育十大禁忌时,曾屡次提及物质刺激,在他看来,家长对于孩子的物质刺激,其本质无异于家长对孩子的贿赂与欺骗,这话不无道理。

物质刺激会让孩子对学习有了错误的认识，认为学习就是为了获得报酬，于是把心思用在如何换取奖品，如何讨家长欢心上。失去了学习的方向，失去了脚踏实地的态度。这是教育的雷区，是每个家长应提高警惕的雷区。

不要失信于孩子

在家庭教育中，家长为了给孩子设置目标和标准，常常会向孩子承诺，如果达到目标之后，将会给予某种奖励。然而，对于某些家长来说，这种承诺往往是口头上漫不经心的承诺，而我们的孩子却往往以最认真的态度来对待。

古时候，有个人叫曾子。有一天，他的妻子要上街买菜，儿子抱住妈妈的腿又哭又闹，也要跟着去。妻子怕街上行人车马太多，伤了孩子，不想带孩子出去，就哄他说："你只要乖乖待在家里，妈妈回来就给你杀猪吃。"于是，儿子高兴极了，答应在家等着。

妻子从街上回来，还没进门就听见了猪叫声。她走进院子，见自己养的那头肥猪四脚朝天，被绳子紧紧地捆着。曾子在一旁，正在磨刀。她急忙走上前去："你这是要干什么？"曾子头也不抬地回答道："杀猪！"她忙拦住曾子说："这头猪是留着过年的时候吃的，你怎么现在就要杀呢？"

曾子说："你不是对儿子说，他只要不跟你上街去，你回来就给他杀猪吃吗？"

妻子笑着说："哎，我那是哄小孩子的呀，你怎么就当真了？"

曾子严肃地对妻子说："小孩子，可不能和他们开玩笑啊！小孩子

七 教育雷区——转变观念，破解教育难题

没有思考和判断能力，要向父母学习，听从父母的正确教导。你现在欺骗他，这是教孩子骗人啊！母亲欺骗儿子，儿子就不再相信自己的母亲了，这不是教育的方法。"

说完，就把猪杀了。

这个故事正是著名的"杀猪教子"的典故。它之所以能够流传千古，说明了在我们的传统教育思想中，存在着对诚信教育的深刻认识。不论是古代，还是今天，失信于孩子都是教育的雷区，那么做家长的应该怎样做呢？

（1）为孩子做好诚信的榜样

由于孩子天生具有模仿的特性，而距离他们最近的就是自己的家长，所以家长自然而然会成为孩子最直接、最经常的模仿对象。可以说，家长的一言一行、一举一动无不被孩子看在眼里，记在心里。我们可以想象，如果家长为孩子做出诚信的榜样，那么，这种榜样的力量对孩子会有多么大的影响，可以说是终生受益。所以，家长在为人处世的时候，要做到诚信待人，以此来感化孩子。

（2）信守对孩子的承诺

不要以为孩子小，就可以随便欺骗他们了。卢梭曾经说："为人师长、父母者，只要有一次向孩子撒谎撒漏了底，就可能使他们的全部教育成果从此为之毁灭。"这并不是危言耸听。父母是孩子人生中的第一任老师，如果自己对孩子都做不到诚信的话，又怎么去教育孩子。所以，只要是家长答应了孩子的事，就应该努力去做到。

综上，失信于孩子，不仅损害了自己在孩子心目中的地位，也为孩子树立了一个缺少诚信的坏榜样。这样的后果是孩子不再相信家长，家长失去了在孩子心目中的权威。这不得不说是家庭教育的失败。

排雷日记

诚信作为人类最宝贵的品德之一,并非来自先天。诚信的习惯,往往是在长期的家庭教育与社会实践中形成的,而家庭教育是孩子接受到的最早的教育,对孩子的一生影响重大。因此,家长在孩子面前必须表现出应有的诚信,即使在一些生活小事上,也要为孩子树立诚信的好榜样。

不要把孩子"管"得太紧

相信每个家长都希望自己的孩子快乐健康地成长,然而他们的行动却往往背离了这个初衷。整天把学习挂在嘴边,强迫孩子做这、做那,不给孩子一点自由的时间。这是家长专制、不尊重孩子天性的表现。这样做的结果,不但不能达到自己的目标,反而束缚孩子的个性发展。

要让孩子健康快乐地成长就必须充分尊重孩子的天性,让孩子拥有属于自己的空间,而不是过分管束孩子,过分催逼孩子,那样对孩子的身心都是十分有害的。

进入初三下学期以来,圆圆便没有了自由,不能支配自己的时间,整天埋在书桌旁那半尺多高的资料边。妈妈把圆圆买的乒乓球拍也没收了,挂在墙上的明星画也被没收了,换成了"学习计划","十准十不准"的规则和一抬头就可以看见的催促学习的纸条。每天放学回家,圆圆再也不能看电视了,除了吃饭以外,圆圆都被关在书房里,每晚都学习到深夜才睡觉。

有一次,圆圆把老师布置的作业都完成了,把明天要上的课也预习

七 教育雷区——转变观念，破解教育难题

了，正好妈妈又不在家，于是如释重负地伸了个懒腰，打开了"久违"的电视机。不料刚刚打开电视，妈妈就回来了。顿时，她的脸阴了下来，冲圆圆吼道："哟，不去学习，你还有时间看电视？你看你莉莉姐都考上了县重点中学，我看你怎么比得上她，还不努力，快把电视关了。"无奈，圆圆只好关掉电视机，低着头走进了书房，看着妈妈亲自题写的"快马加鞭"的警示条发呆。

一会儿，妈妈端着一盘水果进来了。她一只手搭在圆圆的肩膀上，语重心长地说："不是妈妈逼你，而是你要明白，马上就要中考了，这关系着你的前途，你得抓紧学习，考个好高中，为妈妈争口气啊。"圆圆转过脸去不理妈妈。妈妈似乎有些伤心，看看旁边那一叠试卷："你要明白父母的苦心啊！"然后放下水果出去了。

圆圆的妈妈自认为自己的做法是为了孩子好，而女儿却不理解，令她伤心。其实，圆圆不是故意与妈妈为难，这种为难和圆圆妈妈的教育方式不当有关系。圆圆的妈妈当然是爱女儿的，但她在教育过程中有很强的专制成分，即对女儿管得太严、太苛刻，这无疑剥夺了孩子的自主权，遭到反抗是很正常的。

教育学家们经过大量的研究后发现，一个人的成功和家庭教育有重要关系。如果一个禀赋正常的孩子从小接受了科学的培养，那么，这个孩子的发展前途将是大为可观的。然而，令人惋惜的是，在我们的身边，有很多从小天赋优异的孩子却没有被教育成才。究其原因，是父母们没有充分了解孩子独特的个性，总是对孩子提出一些不切实际的要求，对孩子管得太多，管得太严，不让孩子拥有一点点自由的空间，最终束缚了孩子自由成长。一个不能自由成长的孩子就像一只被绳子捆绑着的鹰，是永远不可能搏击蓝天的。对孩子管得太严是教育的雷区，那么做家长的具体应该怎样做才能避免踏入雷区呢？

· 191 ·

(1) 尊重孩子的隐私

不要认为只有大人有隐私，其实孩子和大人一样，也有属于自己的秘密，也需要有自己的空间。比如小孩子约定周末去某个地方玩耍，但又怕家长不允许，那么他们就不希望让家长知道，这就是孩子的隐私。有些父母，因害怕孩子交上坏朋友或者和异性朋友有来往，于是千方百计地了解、侦察孩子的动向，监听孩子的电话，甚至偷看孩子的日记或信件。这些行为，会引起孩子的强烈反感，严重伤害家长和孩子之间的感情，导致孩子对父母产生信任危机和反抗情绪。

(2) 尊重孩子的独立人格

父母应该尊重孩子的独立人格，与孩子之间保持平等、真诚的关系，而不是"上下级"关系。父母千万不要把孩子当做自己的玩偶，进而操控他们的生活，甚至强迫孩子按照自己的规划来走人生之路，那样，多是一相情愿的使然，并不一定会得到孩子的认可。因此，要注重培养孩子独立自主、自力更生的能力。让他们学会自我管理、自我约束。

(3) 为孩子创造自由空间

如果把攥在手里的沙子握得太紧，反而容易失去。父母应给孩子一定的时间和空间，不要时时监控，事事过问。孩子能做的事就应尽量让他们自己去做，孩子能管的事就让他们自己去管。千万不要把给予孩子时间和空间当做是对孩子的施舍，也不要在这方面和孩子讲条件。给孩子一定自由，是给孩子放飞翅膀的机会，也许他还不能飞得很高，还会随时摔下来，但一定相信，他总有一天会在蓝天翱翔；而不给孩子放飞翅膀的机会，那他永远只能在地上做一只家雀。

当然，不要把孩子管得太紧也不是说对孩子完全放任自由，适当的管束还是十分必要的。比如，对孩子的不良习惯要随时纠正，对孩子的不良行为要给予批评，对孩子的不良交往要及时规劝。所以，父母管教孩子绝不是越严越好，也不是越松越好，要放与管相宜。做到管之有方、放之有度。

排雷日记

把孩子"管"得太紧，其实是给了束缚孩子发展的一个瓶颈，会让孩子失去活力和创造力。尊重孩子的隐私和独立人格，给孩子一个适当的空间，让孩子拥有一片属于自己的天空，相信在这片天空里孩子会孕育希望的种子，放飞自由快乐的梦想。

走出"望子成龙"的家庭教育雷区

"望子成龙，望女成凤"是每个家长的心愿。家长们对孩子寄予厚望，希望孩子将来能青出于蓝胜于蓝，有比自己更高的学问，更好的名声，更优的待遇。真是可怜天下父母心。然而很多家长不顾孩子的实际情况和教育规律，用过高的标准来要求孩子，过早地对孩子进行"智力开发"，剥夺了孩子幸福快乐的童年。这就步入了教育的雷区。

小宝今年才4岁，可是他一点没有体会到童年的快乐。每天放学回家，除了必须先完成老师布置的作业外，妈妈还要求他弹两个小时的钢琴。对小宝来说，作业倒是很少，可是弹两个小时的钢琴真是难熬。周末，更是没有一点休息时间。星期六，妈妈带他去数学老师家里学奥数，其实他根本就不想学；星期天，妈妈又带他去美术老师家里学画画，坐下就是一上午，小宝一点兴趣也没有。本应该拥有和同龄人一样快乐的童年生活，却被无情剥夺了。小宝渐渐沉默了，像一个小老头一样，没有一点生气。

类似这样的例子还很多。家长们望子成龙心切，在孩子的智力投资上不惜一切。他们聘师教孩子写字、认字、弹钢琴，还让孩子参加什么特长班、兴趣班之类的培训机构。然而这些智力开发真的管用吗？有必要吗？最新研究结果表明，人为地对孩子进行过早的智力开发，并不能取得提高智商的预期效果。

2007年，美国心理学家对"以学习知识为主导"和"以社会交往为主导"的学前班进行比较研究后发现：在6岁之前，前者培养出来的孩子比后者认识更多的单词和数字，但是到了6岁，这一优势却消失了，与此同时，在学习热情和创造力上，前一组孩子也明显低于后一组孩子了。于是，他们得出了一个重要结论："人为地干预可以在短期内把智商提高，但是当人为干预消失后，这些被提高的智商基本上又会降回来。"因此，过早的智力开发，并不是很多家长想象得那么好，而且过早的智力开发对孩子还有很多的坏处。

（1）影响孩子自主学习和思维能力的建立

一个孩子学习的好坏，关键的因素就在于他能否主动积极地思考问题。思考能力的形成，并不总是通过知识性学习来获得的。可以说，孩子对周围世界的感知才是思考能力形成的主要原因。如果让孩子过早接触文字和数字这样抽象的符号，他们的注意力就会更多地集中在这些抽象的事物上，而很少对身边的世界进行接触和了解，从而缺少理解、归纳和判断的能力。

（2）阻碍孩子认识客观世界

孩子具有强烈的好奇心，天生就会对身边的世界充满兴趣，他们会尽可能去探索和发现周围的事物。当孩子还没有对身边的世界进行足够的观察和体验时，就过早地实施抽象知识学习，会把孩子的注意力从对感官世界的关注转向对抽象符号的关注，这种人为的转向会扼杀孩子的天性，使孩子失去很多在真实世界中的体验和思考的机会。

（3）过早的智力学习，会影响其他能力的正常发展

孩子的精力毕竟是有限的，如果过于强调某方面的能力，其他方面的能力就很难得到好的发展。过早进行智力学习，孩子的其他能力，比如运动协调、言语沟通等方面的能力就会受到影响和损害，而这些能力对于孩子将来的生活也是至关重要的。

（4）实际感觉经验不足，引发情感等方面的问题

家长过早让孩子学习抽象知识，容易忽视孩子的天性。如，好奇心、创造力、想象力等潜在素质。实验表明，孩子的这些潜在素质，往往会通过大量的游戏和活动中取得。如果在童年时期，孩子没有发展这些素质，那么长大后若要重新培养这些素质，就会事倍功半。而且这些素质的缺失，引发一系列情感问题，如冷淡、孤僻、缺少同情心等。

过早的智力开发，归根结底是家长望子成龙心理的驱使，那么要怎样才能走出"望子成龙"的误区呢？

（1）尊重孩子的客观发育规律

孩子只有具备了丰富的感官经验、获得简单归纳概念的能力之后，才能具备正确判断的基础，理解事物内在的联系。如果不尊重这一客观规律，在孩子还没有具备足够的理解能力时，就给他强行灌入抽象性的知识，就算他当时记住了，也根本吸收不了，因为他没有从本质上理解问题。如果给孩子灌输的知识太多，他不仅吸收不了，还会产生厌学情绪。如果反过来，让孩子在对客观世界有了充分体验后，再进行抽象知识的学习，那么孩子学起来就会变得很容易也更有兴趣。

（2）尊重孩子的选择

自由是培养孩子发展应该遵循的原则之一。自由不仅是给孩子一定的自由空间，还包括尊重孩子的兴趣，尊重孩子的选择。一些家长则不然，他们总是把自己的意志强加给孩子，明明孩子喜欢体育，偏要孩子学习音乐；明明孩子喜欢美术，却强迫孩子学文学。家长的意愿是好

的，谁不希望自己的孩子能成才，但别忘了，你强加给孩子的东西只是你想当然的东西，或许并不是孩子喜欢的东西。孩子的路归根结底是他自己去走，而不是你去帮他走，一味地强迫孩子，只会适得其反。所以，不妨尊重孩子的选择，让其自由发展或许会更好。

家长们望子成龙的心情是可以理解的，但如果违背了孩子生理和心理发展的客观规律，就会适得其反。有的时候，不妨听听孩子内心的想法，让孩子自己去创造自己的未来或许会更好。

排雷日记

孩子的年龄特点决定了他们好奇、贪玩、自我约束力差等天性，家长如果不考虑孩子的这些阶段性特点，盲目地让孩子按照自己的意愿去做。不但不能实现家长"望子成龙"的美好愿望，还会扼杀孩子的天性，断送孩子的前程。与其强迫孩子去做他不愿意的事，倒不如扬长避短，根据孩子的兴趣爱好，加以适当引导，这样一定会对孩子将来的发展起到积极的作用。

八 生活雷区
——严于律己，绕开诱惑陷阱

人生在世，有的人活得有滋有味，有的人却活得痛苦不堪。生活的感受为何有如此差别？其实，虽然我们无法改变生命的长短，但生活的态度完全取决于我们自己。

有的人之所以活得痛苦，往往不是因为他们得到的比别人少，而是不懂得珍惜所拥有的一切。面对生活的种种诱惑，他们缺少严于律己的品质，把持不住自己，或为金钱所累，或为名利所惑，或因纵欲而伤身，或因贪念而名毁。而这一切都是源于那颗不安分的心。也许，利欲少一点，知足多一点，就不会有生活的苦恼了。可见，生活看似平静，其实也有很多雷区，如果你不注意的话，就会陷入进去，轻则自毁前程，重则家破人亡。

烟、酒是无形的"催命符"

烟酒是日常生活交际的常用品。特别是在饭桌上，我们经常看到喷云吐雾、豪饮不止的现象，有的人更是把吸烟当成了一种潇洒的表现，把豪饮看做是体现男子汉气概的一种方式。本来有的人是不抽烟、喝酒的，可到了酒桌上也就不知不觉地吸上了、喝上了，这似乎成了一种风气。殊不知，吸烟喝酒对身体的伤害巨大。

目前全世界约有11亿吸烟者，其中约有47%吸烟者为男性，12%的为女性。到2025年，全球吸烟人数将达到16亿。现在每年约有400万人死于由烟草制品引起的疾病，在未来20年中全球由吸烟所导致的死亡预计将增加3倍。到2020年，死于烟草的人数将超过其他任何一种疾病，在世界范围内，死于与吸烟相关疾病的人数甚至可能超过艾滋病、结核、车祸、凶杀等导致的死亡人数的总和。

实验表明，一支香烟的烟碱可以杀死一只白鼠，20支香烟的烟碱便可毒死一头牛。吸烟不仅危害自身，而且对他人也会造成严重危害。在欧洲，每年有将近14万被动吸烟者患癌症或心脏病去世。被动吸烟对青少年的伤害更大，在吸烟者环境中生活的孩子，患气喘病、支气管炎、肺炎的概率明显高于一般人。

吸烟导致的问题并不仅仅是人类健康这一项，由此引发的很多社会问题同样值得我们深思。据世界银行估计，烟草每年给全世界造成约两千多亿美元的经济损失，这包括对因吸烟导致疾病的治疗费用、因职工生病给企业造成的损失，以及因失火造成的损失等。

我国是世界上烟草生产和消费最大的国家，吸烟率在37%以上。据调查，我国现有烟民3.2亿，比美国的人口总数还多。如果不加以控制，将会严重影响我国广大群众的健康。

那么，吸烟究竟有哪些危害呢？

（1）致癌作用

调查表明，吸烟是导致肺癌的重要原因之一。吸烟者患肺癌的危险性是不吸烟者的13倍，吸烟者肺癌死亡率比不吸烟者高10~13倍。肺癌死亡人数中约85%由吸烟造成。此外，吸烟与口腔癌、食道癌、胃癌、结肠癌和子宫癌的发生都有一定关系。临床研究和动物实验表明，烟雾中的致癌物质还能通过胎盘影响胎儿，致使下一代的癌症发病率显著提高。

（2）对心、脑血管的影响

研究认为，吸烟是导致心、脑血管疾病的主要因素。吸烟者的冠心病、高血压病、脑血管病及周围血管病的发病率均明显高于常人。统计资料还表明，冠心病和高血压病患者中75%有吸烟史。冠心病发病率吸烟者较不吸烟者高3.5倍，而病死率前者较后者高6倍，心肌梗死发病率前者较后者高2~6倍，心血管疾病死亡人数中的30%~40%由吸烟引起。

（3）对呼吸道的影响

研究发现，吸烟是慢性支气管炎、肺气肿和慢性气道阻塞的主要诱因之一。长期吸烟不仅会使支气管黏膜的纤毛受损，影响纤毛的清除功能，甚至还可能阻塞细支气管。吸烟者患慢性气管炎较不吸烟者高2~4倍，且与吸烟量和吸烟年限成正比例。

社会交往过程中，饮酒自然是免不了的。朋友聚会，公司庆贺，祝寿请客，哪一样少得了酒。于是，饮酒成为了风气。有人计算，我国每年消耗掉的酒量相当于一个西湖的水量。近年来，酗酒呈现出低龄化、女性的比例不断增加的趋势。可见，酗酒已经成为我国的一个社会问题。适当饮酒对身体无害反而有解除疲劳、增进食欲、帮助消化的作用。但如果是不加节制地酗酒就会对身体造成巨大伤害。医学研究表明，嗜酒会诱发多种疾病。比如患肝炎、肝硬化、脑溢血、中毒性幻觉症等。这些疾病极容易导致死亡，嗜酒者预期寿命平均低于53岁。现实生活中，有的人以能喝善饮而自豪，动辄展示自己过人的酒量，殊不知，"千杯不倒场场出彩"的背后，早已经种下了伤身的祸根。有的人一遇到伤心难过的事，便想一醉解千愁，结果喝得一塌糊涂，虽然使自己暂时忘记了烦恼，却糟蹋了自己的身体。当下，婚宴酒、寿宴酒、学宴酒、接风酒、饯行酒、满月酒等名目繁多，应接不暇。殊不知，很多人在欢乐之余透支了身体健康。

那么，酗酒究竟有什么危害呢？

（1）伤害消化系统。酒精会刺激胃肠黏膜，产生胃酸过多、胃出血、腹泻、便秘等病症。酒精对肝脏的伤害也极大，酒精中毒可造成急性脂肪肝、酒精性肝炎、肝硬化等。

（2）伤害神经系统。酒精会对神经系统造成刺激和伤害。很多人在饮酒之后，神志不清或出现神经性幻觉，往往做出一些非理性的举动，破坏了自己的形象。

（3）烟酒混合危害更大。人在吸烟之后，若大量饮酒则会溶解烟雾沉积在口腔、咽喉及肺部的有害物质，而人体吸收后的酒精和有害物质都需要肝脏去分解，就会增加肝脏负担，原来平均几分钟能清除的有害物质，这时却需要几个小时，甚至几天。大量有毒物质残存体内，这就为罹患心血管病创造了条件。

可见，烟酒对人体的危害极大，那么要怎样才能戒烟戒酒呢？

生活雷区——严于律己，绕开诱惑陷阱

（1）自我控制法

多了解一些关于吸烟饮酒有害健康的知识，让自己在头脑里树立起吸烟饮酒有害身体的警示。自觉远离诸如打火机、烟灰缸等吸烟用具和吸烟场所，在酒桌上尽量控制自己饮酒。

（2）事物转移法

当烟瘾发作时，可采取喝水、吃水果或散步等手段来摆脱烟瘾的缠绕。研究表明，在戒烟期间多喝一些果汁可以帮助戒除尼古丁成瘾。适当安排一些体育活动，如游泳、跑步、打球等。这样，既可以缓解精神紧张和压力，又可以避免把较多的心思放在吸烟和饮酒上。

（3）家人监督法

如果你是自制能力差的人，或者说对戒烟和戒酒缺少信心，不妨让家人监督自己。家人可以在你把持不住的时候提醒你、劝诫你，分散你的注意力，从而达到戒烟戒酒的目的。

戒烟和戒酒不是一朝一夕的事，最重要的是要有恒心，能一直坚持下去。相信，一个对自己健康负责的人一定能彻底做到戒烟戒酒。

排雷日记

烟酒是生活的调剂品，不是必需品。古人说"纵欲必伤身"，吸烟饮酒如果没有尺度，就会对健康造成极大威胁。现在，全球每年都有几百万人死于和烟酒有关的疾病，可见，烟酒是无形的催命符，会吞噬人的生命。如果你想拥有健康的生活，就应该尽量远离香烟、适当饮酒。

赌博是拿光阴做赌注

赌博是一种复杂的精神活动和行为活动，它具有深层的心理本能因素。它能给人带来刺激、乐趣和财富，是人们对自我分析、预测能力、心智的充分肯定与自信，只不过是盲目的、无知的、浅薄的，是一种人性弱点的膨胀。因此，以娱乐为宗旨的小额赌博是对生活的一种补充，不仅可以缓解压力还可以快乐心情。但一旦赌博以大额金钱财物做赌注，它便会对人们的金钱欲望构成极大的刺激，促使人们沉湎于金钱的幻想里不能自拔，最终走向堕落。

张女士今年35岁，初中文化，前些年年纪轻轻就下岗在家，带带孩子，做做家务，日子清贫却也悠闲。下岗在家的几年，她渐渐有了自己的朋友圈，朋友们隔三差五地约她打打麻将，斗斗地主，渐渐地，张女士从对麻将一窍不通，到整日迷恋上了搓麻将。家务不干了，孩子不管了，为此，丈夫常常和她争吵打斗。一年前，夫妻俩离了婚，张女士和儿子一起生活。每月拿着前夫给的500元生活费，沉迷在赌局里。去年9月，张女士在警方一次抓赌行动中落网，当时她正和另外二十几名赌徒拥挤在一间混浊的房间里疯狂赌博，当时的她不仅身无分文，还欠了他人将近2万元债务。后悔莫及的她告诉办案人员：她非常爱自己的儿子，可自从迷上了赌博，孩子跟着她饥一顿饱一顿，学习成绩急剧下降，小学四年级的儿子成了没人管的"弃儿"，由于赌博张女士欠了一身的债，儿子这学期300多元的学费，已被她输了个精光，而且这300元还是借来的。她含着泪水说再也无脸面见自己的儿子了。

赌博是一个恶魔，它会吞噬你的灵魂，引你走入堕落的深渊。不仅对个人身心健康有着极大的危害，而且也会给家庭带来不可磨灭的创伤。张女士为了赌博，失去了丈夫，耽误了儿子，最后入狱，其教训是沉痛的。

赌博是生活的雷区，它会击破你平静的生活，粉碎你人生的梦想，那么要怎样才能避开雷区呢？

（1）树立正确的人生观

生活雷区——严于律己，绕开诱惑陷阱

人的一生，在历史长河中只是短暂的一瞬。有人感叹生命的短暂和个人的渺小，认为，人生在世就应及时享乐，今朝有酒今朝醉。其实，这是一种错误的人生观，人之所以活在世上，是因为其有存在的价值，而这种价值，就是通过自己的努力奋斗实现对社会的贡献来体现的，试想，如果人人都不为社会作贡献，那么这个社会会进步吗？一个人只有获得了社会的承认才会实现他的价值。赌博其实就是一种好逸恶劳、贪图享乐的人生观，他们不是在奋斗中实现自我价值，而是在堕落中消磨宝贵的光阴，是不会得到社会认可的，一个没有存在价值的人是可悲的。

（2）充分认识到赌博的危害

喜欢赌博的人往往深陷其中，看不到赌博的危害。其实赌博的危害是很大的。染上了赌瘾的人，易产生好逸恶劳、挥金如土、尔虞我诈、投机侥幸等不良的心理品质。喜欢赌博的人，往往不分昼夜，不顾饥寒，终日沉迷于赌桌之上，长此以往，身体必定会不堪重负，出现健康问题。赌博的时候，人的神经处于高度紧张情况下，而且没有得到适当休息，这很容易诱发疾病，如心脏病猝死。此外，赌博使人荒废了事业工作，忘记了夫妻恩爱，不顾儿女成长，不念手足之情，最终众叛亲离。很多赌徒，为了获得赌资，不惜走上抢劫、杀人等犯罪道路，最终锒铛入狱。

总而言之，沉迷赌博的人往往通宵达旦，长此以往，很容易玩物丧志，浪费了人生宝贵的时间，所以我们必须直面认识赌博给我们生活带来的危害，只有这样才能更好地去排除内心的干扰，专注于更有意义的事情。

（3）加强自制力

所谓"小赌怡情，大赌伤身"。适当的小赌可以缓解疲劳，让人暂时忘记生活的烦恼，是一种消遣的好方式，而且朋友之间的小赌还可以加深彼此感情，真是一举多得。但赌资如果过大，变成了"大赌"，那就要避而远之了。很多人就是因为控制不了自己的欲望，越赌越想赌，越赌越大，结果想抽身也难了。所以，朋友间以小赌为宜，不要搞大赌，遇到了大赌，你可以找借口回避。而对于已经有赌瘾的人来说，要尽量避免出入赌场，只要远离了赌博环境，相信，比在赌场更容易控制赌博的欲望。

（4）培养广泛兴趣

很多人之所以染上了赌博的恶习，就是因为他们感到生活无聊，所以要寻求刺激，而赌博很好地满足了他们这个欲望。所以，在生活中，我们可以从多方面培养自己的兴趣，可以选择打篮球、踢足球、游泳等体育活动，尽量让自己的生活变得充实，这样就会避免因无聊而误入歧途。

（5）远离损友

有的人走上赌博的道路，很多不是自愿的，而是受到了他人的引诱和误导，所以在平时交友的过程中，要注意观察其人的行为和品质，如果有不良习惯的，要尽量和他保持距离，不要让他的恶习影响了你。俗话说"近朱者赤，近墨者黑"，不能不注意。

（6）内外结合

对于深陷赌博的人来说，要戒掉恶习，最好具备三种缘力：一者他缘力，即通过亲人、朋友施加压力来戒赌；二者因缘力，即自己要主动努力配合他人的帮助和各种戒赌方法的实施；三者增上缘力，即自己要有良性心态，相信自己一定能够成功，同时要看到戒赌过程中的一些进步，这样就会向良性方向发展，就会形成良性循环。

赌博是一种超越了怡情，纯粹以金钱为目的的活动。他消磨了人的斗志，使人沉迷其中而失去了生活的方向。人生匆匆，如果把大部分时

生活雷区——严于律己，绕开诱惑陷阱

间浪费在赌博上，一事无成，这样的人生有什么意义呢？

排雷日记

　　赌博是一种不正常的娱乐活动，不但极大地伤害了自身的健康，而且对家庭和社会造成了不良影响。对家庭，它造成了妻离子散；对社会，它败坏了风气。人生应该是奋斗为荣，而不是以赌博为业。以赌博为业，以赌博为乐的人，即使暂时赢得了金钱，但他却输掉了人生最宝贵的东西——真情和时间。赌博是生活的雷区，请远离赌博。

毒品是诱人堕落的无底洞

　　吸毒，一个让普通人闻而生畏的词语，却一次又一次在我们身边上演着人生悲剧。是什么让他们走上了这条不归路？是好奇，还是冲动？是寻求刺激，还是麻痹自我？原因兼而有之。

　　众所周知，晚清时英国为牟取暴力，将鸦片输入中国，给中国人民带来了深重的灾难。时隔一百多年，今天，仍有很多人没有意识到毒品的危害，为了贪图一时的快感而逐步堕落深渊，这不得不令人痛心疾首。

　　3年前，26岁的李军经营着药材生意，收入颇丰，不仅生活富裕，有车有房，每年还有20多万的结余。他与妻子恩爱有加，还有一个可爱的小宝宝。真是一个令人羡慕的家庭。

　　然而，美好的这一切，止于一次吸毒的经历。2008年的一天，李军和朋友去KTV唱歌，在朋友的引诱下，吸食了海洛因。本来只想图个新鲜刺激，没想到，这一吸就一发不可收拾了。

毒瘾一犯，他浑身像被千万只虫咬一样难受，心里发慌，满脑子只有一个念头：找到"吃的"。渐渐地，李军无心打理生意，终日与毒相伴，变得越来越消瘦，只剩下皮包骨头了。那段时间，他白天不敢出门，上街只能埋头走，怕别人认出来。看到原本上进心很强的丈夫成了"瘾君子"，妻子泪流满面，多次劝说他戒掉毒瘾，可李军已经深陷其中，不能自拔了。无奈之下，妻子选择了结束这段婚姻，带着儿子离开了他。

看着儿子一天天地沉沦，他的父母心如刀绞，曾跪下来求他戒毒。清醒的时候，他想到这些，就会陷入深深的自责。然而，毒瘾一犯，一切又都抛之脑后。

为了吸毒，他把做生意积攒的家产几乎全部花光，车子、房子都卖了，仍然无法筹齐毒资。为了满足自己的毒瘾，他开始混迹社会，靠坑蒙拐骗偷谋生。2011年3月初，他因偷盗被公安机关抓获，并把他送进了戒毒所。

李军年纪轻轻就事业有成，还拥有一个美满幸福的家庭，这在旁人看来，是一件多么值得自豪和羡慕的事啊。然而在幸福面前，李军没有珍惜，而是一失足成千古恨，堕落成了"瘾君子"，不仅妻子和孩子离他而去，也深深伤害了父母的心。为了吸毒，他花光了自己辛辛苦苦积攒的家产，最后竟沦落为坑蒙拐骗偷。这一切都是毒品害了他。

毒品是生活的雷区，对个人、家庭和社会都会造成巨大的伤害。

一旦吸毒，吸毒者就会对毒品产生强烈的依赖性。一旦停掉药物，生理功能就会发生紊乱，出现一系列严重反应，使人感到非常痛苦。毒品会作用于人的神经系统，让吸毒者产生一种强烈的用药欲望，驱使其不顾一切地寻求和使用毒品。毒品会危害人体机制。以海洛因为例，人在吸食海洛因后，一旦停用就会出现焦虑、流泪、出汗、恶心、呕吐等症状，而冰毒和摇头丸毁坏人的神经中枢。吸毒不仅损害本人健康，还会造成乙型肝炎、丙型肝炎、性病的传播等公共卫生问题，其中最严重的是艾滋病的感染和传播。

首先，吸毒耗费大量钱财，到了一定程度必然要靠变卖家中财产换取毒品，直至最后倾家荡产；其次，吸毒会导致婚姻破碎，家庭分裂。因为一个人一旦染上毒瘾，就会失去义务或责任观念，做丈夫的不能尽丈夫的职责，做妻子的不能尽妻子的义务，最终必然导致离婚。再次，若怀孕妇女吸毒将严重影响胎儿的正常发育，致使新生儿先天畸形或染上毒瘾。

毒品活动加剧诱发了各种违法犯罪活动，扰乱了社会治安，破坏了社会风气。毒品的危害巨大，那么我们怎样才能防范毒品呢？

（1）克制好奇心

很多人吸食毒品，都是出于自己的好奇心，想图新鲜，求刺激。殊不知，毒品一旦沾染后，就像陷入了沼泽一样，会越陷越深，让你后悔莫及。所以，千万不要因为好奇心去尝试毒品。

（2）远离瘾君子

近朱者赤，近墨者黑。如果你的身边有人吸食毒品，就要和他保持距离，尽量远离他，以免自己受到诱惑去吸食毒品。

（3）小心身边的陷阱

出入社会，应酬自然是免不了的。有时聚在一起，不仅有自己熟悉的朋友，也有朋友的朋友或者说不认识的人。对于自己不认识的人，要注意警惕，不要随便接受别人递过来的烟啊、酒啊等。因为有的人别有用心，会在烟里和酒里夹杂毒品，诱你上当。所以，应酬之前，最好先了解你要应酬的人，发现有不良嗜好的人就要引起注意。

毒品危害巨大，造成的悲剧也不胜枚举。远离毒品，才能让生命有保证，生活有质量。

排雷日记

毒品是诱人堕落的深渊,给个人、家庭和社会都造成了巨大伤害。请珍爱生命,远离毒品。不要再重蹈妻离子散、家破人亡的悲剧了。

不要贪得无厌

每个人都有欲望,欲望是一个人前进的动力,是一个人生活的希望。一个没有欲望的人注定只能是一个无所作为的平庸者,古往今来成大事者无不具有强烈的欲望。刘邦在看到秦始皇巡游的时候,发出了"大丈夫当如是也"的慨叹,为了这个欲望,刘邦领导起义军推翻了秦朝,并在打败项羽后,最终建立了汉朝,自己随之成了开国皇帝,实现了"大丈夫当如是也"的欲望;勾践在被夫差打败后,并未失去信心,而是怀着"报仇复国"的欲望,忍辱偷生,并最终实现了自己的目标。可见,欲望对于一个人绝不可少。

现代社会,人们总会被金钱、权势、名利等诱惑所吸引,对于这些诱惑,我们既做不到像陶渊明那样"不为五斗米折腰",远离尘世之外;也不需要太急功近利,为了实现欲望而不择手段。所谓"欲壑难填",一个人的欲望是永远满足不了的,但我们并不需要那么多的欲望,欲望太多反而会失去很多已经得到的东西。

春秋末期,周朝的统治分崩离析,各地诸侯纷纷独立,争霸一方。晋国是其中实力最强的一个诸侯国。晋国有魏桓子、赵襄子、韩康子、范氏、智伯、中行氏六个上卿。其中,智伯野心勃勃,千方百计想要扩张自己的势力范围。他先联合韩、赵、魏三家攻打中行氏,强占了中行

生活雷区——严于律己，绕开诱惑陷阱

氏的土地。过了几年，他又强迫韩康子割让了一块足以容纳一万户人家的封地。接着，他又威逼魏桓子割地。魏桓子迫不得已，也只好委曲求全。得到这三位上卿的土地后，智伯仍然不满足，他威胁赵襄子割让蔡和、皋狼这两个地方给他，否则武力相见。赵襄子坚决不答应。智伯恼羞成怒，胁迫韩康子和魏桓子一同讨伐赵襄子。双方在晋阳对峙了三年。最终，赵襄子说服韩康子和魏桓子与自己联合起来。并乘夜出兵偷袭智伯，将其杀死。

智伯太过贪心，为了满足自己的私欲，而不惜损害他人的利益，最终落了个身死人手的下场，把自己原本得到的东西也失去了。可见，欲望一方面能激发人的斗志，让人们为了实现目标而奋斗；另一方面，欲望也能唤起人的贪婪，让人们为满足一己私利而不择手段。如果一个人变得贪得无厌，那就步入了生活的雷区。因为欲望的无限放纵，会让人利欲熏心，去追求本不该属于你的东西，最终走向自我毁灭的深渊。那么，面对雷区，我们该如何做呢？

（1）控制自己的欲望

欲望就像一个无底洞，永远是填不满的。本已腰缠万贯，却还要追求富可敌国；本已有权有势，却还要追求权势熏天；本已花容月貌，却还要追求倾国倾城。人们就是这样被欲望牵着鼻子走，终有一天走到了濒临灭亡的深渊，却还不自知。

一群狼准备突袭羊圈，饱餐一顿。行动前，狼群的头领说："羊圈的入口很小，大家不要吃得太饱，以免难以脱身。"于是，大家采取了行动。很多狼吃饱后就出去了。可是，一只狼正要出去时，发现羊圈的角落里还有一只鸡，于是折返回去，捕杀了那只鸡。这时，农夫回来了，狼群发出了预警，很多狼纷纷跑进了树林。圈里的那只狼也听到了信号，准备逃跑时，却因为吃得太饱被木栅栏卡住了，最后被农夫猎杀

· 209 ·

了。这个故事告诉我们贪得无厌，不会控制自己的欲望，就会得不偿失。

生活中，也随时在上演着狼吃鸡的故事。有的人生活无忧却因金钱而入狱；有的人有权有势，却因权势而落马；有的人家有贤妻，却因美色而名毁。这些都是被欲望所害的例子。所以，在欲望面前应保持一份冷静和淡然很重要。

（2）学一点知足常乐的精神

台湾漫画家蔡志忠说："如果拿橘子来比喻人生，一种橘子大而酸，一种橘子小而甜，一些人拿到大的就会抱怨酸，拿到甜的又会抱怨小，而我拿到了小橘子会庆幸它是甜的，拿到酸橘子会感谢它是大的。"这其实就是一种知足心态的体现。

"广厦千间，夜眠不过七尺；珍馐百味，日食只需三餐。"既然我们的基本生活已经满足了，何必再去追求那些遥不可及或原本就不属于我们的东西呢？现代人处在浮躁的社会环境下，总是好高骛远，这山望着那山高，盲目攀比，比房子，比车子，为自己不如别人而发愁，为自己的欲望满足不了而怨天尤人。这样的人生难道不累吗？要懂得放下，放下那些不切实际的欲望，放弃那些原本就不属于自己的东西。

欲望能成就一个人，也能毁掉一个人。关键在于自己对欲望的态度。贪得无厌的人最终会一无所有，而适可而止的人则会享受到欲望给自己带来的快乐。

排雷日记

人活着，无非就是想活得舒适一点，活得体面一点。这是人之常情，也是一个人的合理需求。但很多人想得到的往往超越了自己的合理需求，这超越的部分就是贪婪所致。不管得到多少都感到不满足，想要的永远是更多、更好,对他们而言,贪婪本身成了一种习惯,物质成了必不可少的需求。而欲望的不断膨胀使这种需求将永远得不到满足,于是,他们往往通过不正当手段来获取满足,最终走向自我毁灭。

怎样看待得失

"福兮祸所伏,祸兮福所倚"。几千年前,老子就告诉了我们要用辩证的眼光去看待得失。可是,在生活中常有很多人不能参悟得失之道。得到了便忘乎所以,手舞足蹈;失去了便垂头丧气,闷闷不乐。其实,你在得到的同时,必然失去了一些东西;而你在失去了的同时,也必然收获了一些东西。世界上没有不付出代价的"得",也没有只付出代价的"失",如果我们能看透这个道理,也就不会为得失而劳心烦神了。

从前有一个富翁,在一次大生意中亏光了所有的钱,并且欠下了巨债。他卖掉了房子、汽车,才勉强还清了债务。此刻,妻儿离他远去,他独自一人,穷困潦倒。一天,他来到一个村庄,因为几天没有吃饭了,他很想讨一碗饭吃,可是村里人看到他蓬头垢面,身上还散发着臭味,都不愿施舍与他,路旁的小孩子还用石头扔他。

这时,他怀念起了以前有钱的生活,天天吃喝玩乐,何等逍遥自在,可叹如今,连吃一碗饭都成了奢侈。眼看,天快黑了,富翁饥肠辘辘,连个落脚的地方也没有,于是,他只好去附近的一座山上,希望能找到一点野菜吃也好。

哪知,到了三更半夜,突然电闪雷鸣,下起了大雨,富翁正在一棵树下睡觉,瓢泼的雨浇灭了正在燃烧的柴火,也淋湿了他的全身。他无比的绝望，难道天一定要和自己作对，自己现在一无所有，就连睡个觉都睡不安生。无奈，他冒着大雨，一路奔跑，终于找到了一个山洞，于是在山洞里度过了寒冷的一宿。

终于熬到了天亮，他拖着疲惫不堪的身子下山了。路过村子时，发现村子里的房子全塌了，一片狼藉，不见一个人。原来昨晚暴雨成灾，冲毁了村庄，村里没有一个人幸存下来。富翁庆幸自己躲到了山上，不然自己也遇难了。这时，他发现原来自己是幸运的，老天虽然夺走了我的一切，但却把生命留下了，有了生命就有希望。看着一轮冉冉升起的太阳，富翁满怀信心地向前走去。

富翁虽失去了他所有的财产，失去了亲人，失去了尊严，但他却保住了生命。这对他来说，也是不幸中的万幸了。

人生的路上，总会伴随着得与失。"得"固然令人欣喜，"失"就一定痛苦吗？其实得与失是人生的常态。最重要的是我们要有一颗坚韧不拔的心，能一直坚持自己的梦想，并为之奋斗，这样才会成功。如果我们不能看透得与失，并常常为得与失而懊恼、而烦心，那么就会进入生活的雷区。那么，我们应该怎样去看待和面对得与失呢？

（1）保持一颗平常心

边塞上有个老翁。一次，他家的马无缘无故跑去了胡人的地盘。邻居们都为此来安慰他。那个老人说："这难道不能变成一件好事吗？"过了几个月，那匹马带着胡人的良马回来了。邻居们都前来为他祝贺。那个老人说："这难道就不能变成一件坏事吗？"他家中有了很多好马，他的儿子喜欢骑马，结果从马上掉下来摔得大腿骨折。人们都前来安慰他们一家。那个老人说："这难道就不能变成一件好事吗？"过了一年，胡人大举入侵边境一带，壮年男子都被征召去打仗了，绝大部分都死了。唯独老翁的儿子因为腿瘸的缘故免于征战，父子均得以保全性命。

生活雷区——严于律己，绕开诱惑陷阱

这个故事告诉我们，祸福得失是可以转化的。不要为了暂时的"得"而得意忘形，说不定灾祸即将来临；也不要为了暂时的"失"而耿耿于怀，说不定幸运正在靠近。所以，不管自己是"得"还是"失"，保持一颗平常心非常重要。

（2）学会放弃

三个商人带着开采了十年的黄金渡海回国，不料途中遇到了暴风雨。第一个商人为了保住黄金，被海浪吞没；第二个商人为了留住部分黄金，最终与船同归于尽；最后一个商人则完全放弃了船上的黄金，乘救生艇回了国。后来他带领船队，打捞出了这三条装金子的货船，拥有了三个人的财富。

这个故事告诉我们，"留得青山在，不怕没柴烧"，暂时的"失"不算什么，眼光要放长远些，笑到最后的才是英雄。人们往往会贪恋眼前的"得"，却不知贪多必失的道理。一些时候，适当放弃暂时的"得"是为了长久的"得"。这实际上就是处理好眼前利益和长远利益的关系。

（3）克服悲观情绪

国王想从两个儿子中选择一个做继承人，就给了他们每人一枚金币，让他们去远处的一个小镇上买一件东西回来。在这之前，国王命人偷偷地把他们的衣兜剪了一个洞。中午，大儿子两手空空回来了。国王问大儿子发生了什么事，大儿子沮丧地说："金币丢了！"傍晚，小儿子带着东西回来了。国王很诧异，便问怎么回事。小儿子解释说："我在半路上发现金币丢了，非常着急。但我回头看看走过的路，一片荒芜，正值太阳当空，金币掉在地上一定会发光，于是，我转身回去找，果然在一个石缝中找到了。"

·213·

这个故事告诉我们，在失去的时候不要放弃希望，要克服悲观情绪，认真思考和总结，或许会有转机。

或许你不能决定自己的得与失，但你可以左右自己的心态。坦然面对得与失，"不以物喜，不以己悲"。在得失之间，品尝生活百态；在得与失之间，参悟人生真谛。

排雷日记

花开花谢，潮起潮落，人生如此无常，总是在得与失的怪圈里轮回。如果你时时刻刻都在计较得与失，为得与失而劳神苦心，那么你就进入了心态的雷区，这样的生活会让你感到身心俱疲。不妨把得失看得淡一些，适当学会放弃，或许你会收获一份别样的心情。

死要面子活受罪

中国人历来重视面子，把面子看成是关乎着一个人的自尊、名誉乃至声望的大事。古人早有洗脸打扮后方能出门见人的习惯，可见古人在日常交往中是很重视自己的形象或者说是面子。这种好面子的心理，一方面可以显示出对他人的尊重，另一方面却就派生出了死要面子活受罪、打肿脸充胖子等的行为趋向。后者可以说是中国人几千年来的心理痼疾。

相信大家都看过郭冬临的小品《有事您说话》，小品里的主人公为了显示自己的能耐，说自己能轻而易举弄到火车票，领导和同事都信以为真，纷纷向他求票。原来他的能耐是不顾寒冷大半夜去火车站排队买票，当妻子要"揭发"出真相时，他却执意不让，怕失了自己的面子，结果遭了更大的罪。这个小品折射出现代社会很多人死要面子活受罪的

生活雷区——严于律己,绕开诱惑陷阱

现象,讽刺了那些以虚荣自欺而欺人的人。这样的现象在生活中比比皆是:

高明和马超是朋友,高明向马超借钱,可是马超没有财力,为了不让朋友瞧不起,马超从亲友那里借来钱给了高明。高明说:"我一定尽快还。"马超为了显示自己有钱,说:"不用急,这点钱还不还都没关系。"于是,高明信了马超的话,许久不还,可是马超还是死要面子不问高明要。即使自己遇到了困难也不开口。又如,宴请宾客时,有的人为了显示自己的诚意和对客人的尊重,不顾客人的劝阻点了一大桌子菜,在他看来,剩下得越多就越有面子,吃得一干二净就是没有面子,真是铺张浪费之极。

死要面子是一种扭曲的自尊心,是为了取得荣誉和引起别人注意而表现出来的一种不正常的社会心态,是生活的雷区。那么要怎样才能克服这种死要面子心态呢?

(1) 克服虚荣心

死要面子很多时候是虚荣心在作怪。人是有期望的动物,当自己的现状与预期的目标相去甚远,或与他人相比感到逊色时,为了取得不低于他人或高于他人的荣誉,就以预期性的目标来掩饰自己,满足自己的虚荣。表现出来就是一些人喜欢吹嘘自己,把自己吹得无所不能,无所不知,其实自己什么也不会,什么也不知,只不过是掩饰自己内心的自卑而已。如果能够摒弃这种虚假的掩饰,克服自卑心理和盲目攀比心理,就会正确地认识自我,发现自己的长处。而不再为自己不如别人而苦恼。只有具备了这种心态,你才能自得其乐,才能摆脱心理焦虑的苦恼。

(2) 凡事量力而行

做任何事要有全力以赴的魄力,但也要有量力而行的理智。古语云："蚍蜉撼树，可笑不自量。"死要面子的人往往是打肿脸充胖子，不顾自己的实际承受力。如上述例子中的马超，自己本来没有借钱给别人的实力，却还要强装自己有钱，当别人提出尽快归还的愿望时，他甚至说自己不在乎钱，结果弄得自己很被动。真是死要面子活受罪。

（3）不要轻易承诺

死要面子的人往往喜欢轻易承诺。这种承诺完全是为了显示自己有本事、有能耐，有时根本就没有考虑自己能否做得到，能否做得好，不过为了博得大家的赞赏来满足自己的虚荣心而已。轻易许诺与人，若做到了则罢，若是没做到，又给人留下了浮夸的不好印象。

死要面子会让自己背负原本就不属于自己的重担，让自己举步维艰。生活如戏，每个人都在扮演着自己的角色。生活赋予了我们适合的角色，又何必为在意别人的看法而去扮演不适合自己的角色呢？那样岂不是自己遭罪？

排雷日记

做人要实在，很多时候面子不过是虚假的装潢。为了面子吹嘘自己，为了面子不顾自己的承受能力，为了面子而轻易对别人承诺，这些都是不明智的做法，结果只会让自己吃亏。所以我们要记住，死要面子活受罪绝对是生活中不可不防的一大雷区。

不要小看浪费

"勤俭节约"是中华民族的优秀传统。早在先秦的典籍《尚书》中就这样说道："克勤于邦，克俭于家。"即在国家事业上要勤劳，在家庭生活上要节俭。可见，古人是崇尚节俭的。然而，到了今天，随着人们

生活雷区——严于律己，绕开诱惑陷阱

物质水平的提高，很多人不再以勤俭节约为荣，而是以铺张浪费为荣。也许，你对这样的现象并不陌生：

现象一：

今天小王过生日，邀请了一帮亲朋好友去餐馆。大家点了一大桌子菜，还没吃几口，大家便相互敬酒，扯东说西，不到一会儿工夫，酒喝完了，于是，大家又另外叫酒，可是桌子上的菜大家却没怎么动。酒喝足了，大家拍拍屁股走人。桌上的菜又白白浪费了。

现象二：

公司洗手间的水龙头关不严，可员工却视而不见，认为这是小事，不会浪费太多的水。据统计，一个不关紧的水龙头，一个月可以流掉1至6立方米水；一个漏水的马桶，一个月要流掉3至25立方米水；一个城市如果有60万个水龙头关不紧、20万个马桶漏水，一年可损失上亿立方米的水。

不止这些，浪费在生活中随处可见。有的人在出门不关灯，有的人因操作不当反复打印，有的人把还没用完的打火机随意扔掉，一次性筷子比比皆是，红白喜事讲排场比阔气等。

浪费是一种可耻的行为，是一种不珍惜劳动成果的行为，是一种不为后代子孙考虑的行为。今天，我们的经济水平虽然进步了，但很多人的思想却没有跟着进步。把浪费当成一件小事，把奢侈当成是一种体面。这其实是一种思想的退步，认识的错误。

新中国成立以来，周恩来总理在生活上始终保持战争年代那种艰苦朴素的作风。他常说："生活上不要太过讲究，穿得旧一点别人看着也没关系，丢掉艰苦奋斗的传统才难看呢。"进京后，周总理第一次做衣服，做了一套青色粗呢毛料中山服、一套蓝卡其布夹衣和一套灰色平纹布中山装。这几件衣服一直穿到1963年，始终光滑整洁、挺挺括括。这期间每有破损，总理便让工作人员送去裁缝织补，从不要求换新的。衣服经过缝补熨烫后，穿出来仍然挺挺括括，再加上他潇洒从容的仪容举止，丝毫无损大国总理的形象。

周总理的住宿条件也很差。由于他住的是旧房子，地面的方砖高低不平，碰上个阴天下雨，地面经常返潮，天花板和四周墙壁都已灰黑，门窗还是用纸糊的。虽然这样，他却一直不让修缮。1959年，管理人员趁他外出把房子翻修了一遍，装上了地板，换了地毯、窗帘。没想到，周总理外出回来，大发雷霆，把有关同志严厉批评了一顿。并说，如果不把这些东西撤走，我就不回家。看到总理发火，同志们不知如何是好。于是请陈毅等老同志出面，老同志们劝说："已经这样了，以后注意就行了。"周总理却说："不能有以后，这次也不行。"无奈，工作人员只好把除了地板之类无法取走的东西，凡能取下来的东西都退回了公家。周总理这才回了家，并在政务院做了检查："虽然我们现在的生活要比以前好些了，但国家还是很贫穷，不该用的就尽量不用，能省的就尽量省，尤其不能拿公家的东西来谋私利，大家要吸取教训，并引以为戒。"

一个总理竟能数十年穿一件衣服，竟能在如此恶劣的住宿条件下休息。他所体现的正是一种勤俭节约的高贵品质。而现在，是什么原因造成浪费如此严重呢？

（1）物质水平的提高

现在，我们国家已经实现了温饱的目标，正在向更高水平的小康社会迈进，人们不再担心吃不饱穿不暖了，于是在基本用度富余之际，就滋生了浪费心理，认为一点浪费无关痛痒。

(2)面子思想作怪

中国人好面子,总怕客人吃不好、吃不饱,担心饭菜少了显得招待不周,生怕不剩点让别人笑话自己穷酸。所以点菜时总是铆足了劲,一定要丰盛有余才显得自己热情好客。尤其是请人办事的时候,更是请客不怕花钱,为表现自己的诚意和大方,点的菜不仅价格高而且数量多。就算吃不完也不会当着客人的面打包,觉得难为情。这就是中国人的面子观念,以致造成饭菜过剩,浪费严重。

(3)家庭教育失误

现在的青少年浪费现象特别严重。究其原因,是我们的教育出了问题。有的家长缺少节约意识,或认为现在生活水平提高了,节约教育已经过时了,所以不注重对孩子节约习惯的培养。养成了孩子用钱大手大脚,铺张浪费的习惯。

浪费是生活的雷区,他不但造成了资源的无益消耗,还腐蚀了人的品质,败坏了社会风气。那么,如何才能杜绝浪费行为呢?

(1)要树立节俭意识,从小事做起

关紧水龙头是一种节约,手机充满电后及时拔掉是一种节约。尤其是对于年轻一代,他们没有经受父辈们的艰苦岁月,更需要加强节约意识教育,这不仅是家庭的责任,也是学校和社会的责任。

(2)克服好面子、好讲究的虚荣心理

虚荣是一种非理性的行为。体现在消费上,其危害就是导致入不敷出。所以,我们应该提倡理性消费,树立"量入为出"的消费理念。反对讲排场、摆阔气的陋习。

(3)树立浪费为耻,节约为荣的价值观

很多人认为节约就是抠门,就是吝啬,这是不正确的。抠门和吝啬是该用的舍不得用,而节约是不该用的不用。这两者存在很大的差别。抠门和吝啬不是为人之道,而节约是做人之德。所以,每个人应树立节约意识，以节约为荣，以浪费为耻。杜绝盲目攀比、讲求"面子"而带来的畸形消费。

(4) 自觉抵制用公款吃喝浪费

无论是企业还是行政单位，公款都是一笔不小的开支，公款浪费同样是一笔不小的数目。有的人对自己的东西很珍惜，而对公家的财物满不在乎，随意浪费。这是一种不良社会心态。浪费自己是浪费，浪费国家的就不是浪费吗？所以，每个人应树立社会主人翁的观念，自觉抵制浪费行为，并身体力行践行节约。

生活中的浪费随处可见，这是一种不良生活习惯的体现。现在，虽然我们物质水平提高了，但不管时代怎么发展，节约的优良习惯不能丢。物质水平的提高绝不是浪费的借口。节约不是某些人说的寒酸，而是一种强烈社会责任感的体现。相反，挥霍、浪费才是可耻的自私的行为。所以，我们每个人要树立节约意识，杜绝浪费。

排雷日记

我们已经遭遇了"煤荒""电荒""油荒"，并已经尝到了资源短缺带给我们生活的不良影响。所以，每个人应从身边的小事做起，节约每一份资源，并牢固树立"以节约为荣，浪费为耻"的观念。

怎样看待名利

名利，是个好东西。既给人带来了名誉，又给人带来了利益。而人生在世，谁不希望自己有名有利呢？"十年寒窗无人问，一举成名天下知。"不就是为了"名"吗？"天下熙熙皆为利来，天下攘攘皆为利往。"不就是为了"利"吗？追求名利是正常的。姜子牙放下鱼竿，摘

生活雷区——严于律己，绕开诱惑陷阱

得了他周朝开国首功的桂冠；卫青丢下马鞭，成就了他骁勇善战的威名；诸葛亮跨出茅庐，塑造了他千古忠臣的楷模。古往今来，成大事者都有一定的名利之心，只是程度不同罢了。追求名利无可厚非，但淡泊名利的人更可佩。

20世纪70年代陈堃銶决定协助丈夫研究汉字激光照排技术。20多年来，她没有寒暑假，没有礼拜天。她牺牲大部分的家庭生活，几乎和清教徒一般。就算过年过节，她也在工作。作为个人爱好，陈堃銶喜欢音乐、也喜爱大自然美丽的风光，但她没有时间去音乐厅、去戏院，更没时间去旅游。

那段日子里，夫妻二人暮暮朝朝，废寝忘食，把全部生活的重心放在了项目的研究上。夫妻俩经常是早上一睁开眼，就开始讨论科研方案，时而各抒己见，时而又不谋而合。大部分技术上的难题，就是在反复的讨论中突破的。就这样，不知牺牲了多少个节假日，不知熬过了多少个不眠之夜，终于在1976年初，设计出了一个令二人都比较满意的"轮廓加参数"汉字高倍压缩方案。

然而，正当两人取得突破性成功的时候，1981年10月，陈堃銶被确诊得了直肠癌。这个消息对王选来说如同晴天霹雳，他悔恨交加，妻子一定是因为劳累过度导致发病的，妻子常常为了赶完急需的软件而通宵达旦地工作，而她从没有一句怨言。

幸运的是，手术后癌细胞没有扩散，妻子仅仅休息了一年，就又回到了科研第一线，和丈夫投入到了辛苦繁杂的科学研究中去。1981年后，他主持研制成功的汉字激光照排系统、方正彩色出版系统相继推出并得到大规模应用，实现了中国出版印刷行业"告别铅与火、迎来光与电"的技术革命，成为中国自主创新和用高新技术改造传统行业的杰出典范。

王选在计算机应用研究和科学教育领域里的重大成就，赢得了祖国和人民的高度评价，在国际上获得了广泛的赞誉。

面对如此多的荣誉，陈堃銶20多年来却一直隐藏在光环的背后。这位几十年如一日默默工作和奉献着的女性，真正做到了淡泊名利。不是因为他们没有名利之心，而是他们懂得名利像彩虹一样，虽然很美，但终有消失的时候。

和她不同，有的人却把名利看得比自己的生命还重要，不择一切手段去追求名利。武则天为了名利，不惜杀害自己的女儿，成了她晚年难掩的伤痛；石敬瑭为了名利，竟不顾廉耻称契丹首领为"父"，结果为人唾弃抑郁而死；袁世凯为了名利，不顾天下人的反对执意称帝，最终在绝望中死去。这就是名利的魅惑，它可以让人泯灭亲情，丧失人格，甚至逆时代潮流，而结果却是一场空。《名利场》中的丽贝卡·夏普一生都在追求名利，可最后什么也没得到，于是她发出了这样的感慨："哎，浮名浮利，一切虚空，我们这些人里面谁又是真正快乐的？谁是称心如意的？就算当时随了心愿，过后还不是照样不满意？"

求名利固然没有错，但醉心于名利则会为名利所缚，止步不前。王安石笔下的仲永天资聪慧，5岁能诗，同乡无不佩服，随着声名远播，很多人出钱请他作诗，仲永的父亲为了贪图名利，每天拉着仲永四处给人作诗。渐渐地，仲永的才华用完了，变得"泯然众人"了。仲永的例子说明一个人若为名利所累，不求上进，最终会落后于人。相反，一个人若能在名利面前保持一份从容淡定之心，那他将收获比名利更宝贵的东西。

钱钟书的著名小说《围城》发表以后，不仅在国内引起轰动，而且在国外也有很大反响。新闻和文学界有很多人想见见他，一睹他的风采，但都遭他的婉拒。有一位女士打电话，说她读了《围城》之后很

生活雷区——严于律己，绕开诱惑陷阱

想见见他。钱钟书再三婉拒，她仍然执意要见。钱钟书幽默地对她说："如果你吃了个鸡蛋觉得不错，何必要一定认识那只下蛋的母鸡呢？"钱钟书就是这样，虽然才高八斗，学贯中西，但一辈子不贪图名利，他曾说，与其把时间浪费在无聊的名利场上，还不如回去睡个大觉，说不定会有奇思妙想从梦境中蹦出。在钱钟书眼里，学术成就远比他所谓的无聊的名利更重要。

对名利的似傻如狂，为名利而不择手段，很多时候也源于那颗不知足的心，倘若我们能保持一颗知足的心，或许就不会为名利而累，为名利所陷。文种和范蠡同为辅助勾践复国的有功之臣，而在复国后，范蠡不慕名利主动隐退去做商人，而文种不听范蠡的劝告继续留在了越国，文种的把持朝政令勾践很不满，最后借机将其杀害。范蠡的商人地位虽比不上文种的大臣地位高贵，但对范蠡来说却已经知足了，这个知足也让他保住了自己的性命。

排雷日记

也许你曾经为没有加薪而失望，也许你曾经为没有升职而心怀不平，也许你正在为追求名利劳心费力，也许你正在为名利废寝忘食。追求无可厚非，但如果你太在意名利，就会让自己活得很辛苦，人生苦短，不要让名利给你带来的苦恼笼罩你全部的生活，若能在名利面前保持一份淡定，怀揣一点知足，你一定能拥有一种快乐的人生。一副对联说得好："为名忙，为利忙，忙里偷闲，喝杯茶去；劳心苦，劳力苦，苦中作乐，斟碗酒来。"

金钱是把双刃剑

金钱是一个人生存的根本，是物质的载体。恩格斯曾说，人首先要有物质基础，才能从事政治、经济、文化等活动。确实，金钱对一个人是至关重要的。金钱虽不是万能的，但没有金钱是万万不行的。吃、穿、卖房、买车……哪一样离得开钱？金钱不仅是一个人的生存之本，还能在某种程度上代表一个人的地位。

苏秦十次上书游说秦王均未能成功。最后他黑貂皮衣破了，百两黄金也用光了，真可谓身心疲惫、穷困潦倒，不得不离开秦国回家。回到家里，妻子不从织机上下来迎接，嫂子不给他做饭，父母不跟他说话。苏秦见此情状，长叹道："妻子不把我当丈夫，嫂嫂不把我当小叔，父母不把我当儿子，这都是我苏秦的错误啊！"

后来，苏秦苦学后又到赵国去游说赵王。两人相谈颇为投机，赵王封他为武安君，并授给相印，随后赏赐他兵车百辆锦绣千匹，白璧百双，金币万两。缔结合纵，离散连横，来抑制强大的秦国。一天，父母听说苏秦要去游说楚王将要路过洛阳，于是收拾房屋，清扫道路，安排乐队设置酒宴，到城郊三十里之外迎接。妻子不敢正眼看他，嫂子行四拜大礼跪地谢罪。苏秦说："嫂子，为什么先前那样傲慢，如今却又这样呢？"嫂子说："这是因为现在你地位尊显、钱财富裕的缘故。"苏秦长叹一声说道："唉，一个人如果穷困潦倒，连父母都不把他当儿子看，然而一旦富贵显赫之后，亲戚朋友都感到畏惧。可见，一个人活在世界上，权势和富贵怎么能忽视不顾呢？"

苏秦家人前后的表现，正代表着世人嫌贫爱富的普遍心理。"天下

生活雷区——严于律己,绕开诱惑陷阱

熙熙皆为利来,天下攘攘皆为利往。"多少人为了生活,为了金钱,费尽心机,劳心费力。然而金钱是一把双刃剑,它能成就一个人,也能毁掉一个人。

和珅是中国历史上的首贪。他也尝过孤苦贫穷的滋味,但他最终还是富了,可以说是富可敌国。然而金钱给他带来荣华富贵的同时,也为他埋下了灾祸的种子。

和珅出生在福建副都统常保家中。3岁丧母,9岁丧父,只剩下自己和弟弟相依为命。幸得一位老家丁的保护,和珅和弟弟才能免于被赶出家门。在23岁的时候,他得到一个机会,做了皇上的侍从。由于他仪表出众、聪明能干,得到了在位乾隆皇帝的赏识,从此官运亨通。面对突如其来的幸运,和珅没有骄傲,他立志要做一个清官。然而官场如同一个充满了各种诱惑的旋涡,权势、美色、金钱的诱惑让和珅很难把持住自己。最终,他一步一步走向了旋涡的中心。

嘉庆四年正月,乾隆驾崩;正月十三,嘉庆帝宣布和珅的二十条大罪,下旨抄家,抄得白银八亿两,当时清廷每年的税收,不过七千万两。和珅所匿藏的财产相等于当时清政府十五年的收入。

最终,和珅在狱中自尽。

每个人都有追求生活的权利,都有提高自己生活水平的愿望。为了能过上好的生活,人们不得不为了金钱而工作,为金钱而奋斗。然而在追求金钱的过程中,很多人迷失了自己,或丧失了人格尊严,或泯灭了人性,或失去了幸福。这些都是金钱带来的危害。

(1)金钱让人丧失了人格和尊严

古时候有个商人叫邓通,他腰缠万贯,为了自己永不满足的利益,他在汉文帝面前竭尽溜须拍马的功夫,以讨汉文帝的欢心。有一次,汉文帝身上长了一个疮,疼痛难忍,太医也束手无策,此时,邓通竟用自

己的嘴巴为汉文帝吸除疮里的脓水。

很多人崇尚"金钱至上"的观点，为了获得利益，不惜丧失了自己的人格和尊严。殊不知，人格和尊严是一个人的灵魂，灵魂的丧失是一个人最大的损失，是多少金钱都买不回来的。所以，任何时候都应该把人格和尊严放在首位。

(2) 金钱让人变得庸俗

天宝年间的进士张渭对金钱有一首诗评论说："世人结交须黄金，黄金不多交不深。纵令然诺暂相许，终是悠悠行路人。"这首诗刻画了人们把金钱作为交往标准的庸俗心态。人与人之间的交往，贵在知心，并不是以金钱作为衡量标准的。若以金钱为标准，则多是酒肉朋友，而不是真心朋友。真正的朋友应该是"君子之交淡如水"式的交往。

(3) 金钱让人泯灭了人性

广东"毒大米"案件、"瘦肉精"猪肉中毒事件、安徽"阜阳劣质奶粉事件"、"苏丹红一号事件"等，给老百姓的健康造成巨大威胁。究其原因，不仅是法律监管体系的漏洞，更主要是一些生产者唯利是图，没有对产品质量引起足够的重视，置消费者生命安全于不顾。

为了自己的利益，很多人失去了良知，泯灭了人性，最终走向了犯罪的深渊。近年来，食品安全问题层出不穷，究其原因就是很多人缺少以人为本的理念，漠视生命而造成的。做人要无愧于心，才能立于天地之间，唯利是图是为人所不屑的。

(4) 金钱让人淡薄了真情

巴尔扎克笔下的老葛朗台是一个贪婪和吝啬鬼的形象。为了金钱，他变得冷酷无情。为了金钱，他不择手段，甚至丧失了人的基本情感，丝毫不念父女之情和夫妻之爱：他在获悉女儿把积蓄都给了自己的男朋友夏尔之后，暴跳如雷，竟把她软禁起来。当他妻子在"没有火取暖，只以面包和清水度日"的情况下大病不起时，他首先想到的是请医生要破费钱财。只是在听说妻子死后女儿有权和他分享遗产时,他才立即转变态度,与母女讲和。

金钱的诱惑让很多人看不到人间真情,体会不到真情的温暖。金钱固然宝贵,可是还有比金钱更宝贵的亲情、爱情、友情等。金钱是生不带来,死不带去的,而真情却可以天长地久。多关心身边的亲人、爱人和朋友,他们才是你一生最宝贵的财富,是再多的金钱都买不回来的。

(5)金钱让人失去了幸福

丈夫为了捕鱼去卖,不顾妻子和孩子的反对,强要冒险出海。这天海上刮起了大风,海浪一浪高过一浪。置身海中,丈夫感到自己这次凶多吉少了,自己出了事倒没什么,可是家里的妻子和孩子可怎么办?他后悔自己鲁莽出海。突然,一个大浪掀翻了船,丈夫不见了踪影。

这个故事告诉我们,钱可以随时去挣,而幸福错过了可能就永远不会再来。我们不禁要问,人有了钱就一定能幸福吗?我们为了钱起早贪黑,废寝忘食,却冷落了家人和亲友,而最终获得了什么呢?所以现在还是让我们认清什么是世界上最宝贵的东西吧,心中的那份爱是无法用金钱去衡量的,与其要钱,不如多花些时间陪陪自己生命中更重要的人。

金钱是一把双刃剑。它既能满足人们对基本生活的需求,又能使人走向自我灭亡的深渊。在金钱面前,保持一颗平常心最重要。人人都有追求金钱的权利,但要取之有道,切不可取之无道,贪得无厌。

排雷日记

金钱的重要性毋庸置疑,一个人采取正当手段来取得金钱也是无可厚非的,但如果一个人过于贪恋金钱,为金钱失去了自我,甚至走向了犯罪道路那就是可悲的。《茶花女》一书中有一句名言:"金钱是好仆人、坏主人。"是做金钱的主人,还是做金钱的奴隶,全在于自己。